协和专家
宝宝辅食大全

李宁　编著

中国轻工业出版社

图书在版编目（CIP）数据

协和专家宝宝辅食大全 / 李宁编著 . —北京：中
国轻工业出版社，2025.2

ISBN 978-7-5184-2977-6

Ⅰ.①协… Ⅱ.①李… Ⅲ.①婴幼儿－食谱 Ⅳ.
①TS972.162

中国版本图书馆 CIP 数据核字（2020）第 068696 号

责任编辑：付 佳　　　　　责任终审：劳国强　责任监印：张京华
策划编辑：翟 燕 付 佳　责任校对：晋 洁　设计制作：悦然生活

出版发行：中国轻工业出版社（北京鲁谷东街5号，邮编：100040）
印　　刷：北京博海升彩色印刷有限公司
经　　销：各地新华书店
版　　次：2025年2月第1版第6次印刷
开　　本：710×1000　1/16　印张：10
字　　数：150千字
书　　号：ISBN 978-7-5184-2977-6　定价：39.90元
邮购电话：010-85119873
发行电话：010-85119832　010-85119912
网　　址：http://www.chlip.com.cn
Email：club@chlip.com.cn

前言

　　0~3岁是宝宝身体、智商与情商发育的关键时期，此时给宝宝提供科学健康、营养充足的饮食，对宝宝智力发育及协调性、独立性的养成，有至关重要的作用。

　　而且，这个阶段宝宝的各大生理系统发育还不完善，经常受到各种病症的困扰，如发热、咳嗽、腹泻、便秘等，常常让新手爸妈手足无措。其实，只要平时注意宝宝的饮食调理，就可能将这些病症扼杀在萌芽之中，为宝宝的身体打下良好基础。

　　本书主要针对0~3岁宝宝，遵循科学、贴近生活的原则，介绍逐月辅食添加攻略，妈妈们常遇到的问题、应对方法以及一周辅食参考。父母是宝宝最好的营养师，科学制作辅食，为宝宝打造强健体格，让宝宝远离疾病。

目录
CONTENTS

辅食添加，网络热搜问题
专家精粹解读

Part 1

Part 2 7月龄辅食添加，从富含铁的泥糊状食物开始

Part 3 8月龄可以加入蛋黄，尝试末状食物

9月龄来点面条、小颗粒食物，提升咀嚼能力

10月龄自己用勺子吃，慢慢向大颗粒过渡

11月龄颗粒大点也不怕，
宝宝饭量大增

12月龄适当增加食物硬度，
可以尝试断夜奶

13～18月龄变化饮食结构，向成人饮食过渡

19～24月龄食材更丰富，可以添加零食和点心

25～36月龄变成小大人儿，可以全家吃饭了

特效功能食谱，让宝宝少生病、身体壮

一看就懂 宝宝辅食添加进程

随着 7~24 月龄宝宝消化器官的发育，感知觉和认知能力也进一步发展，需要通过接触、感受来逐步体验和适应多样化食物，完成从被动接受喂养到自主进食的过程。所以，宝宝的辅食添加是一个"推进的过程"。

- **宝宝行为能力**
  舌嚼碎和牙龈咀嚼；喜欢用手抓取
- **辅食添加计划**
  碎末状，开始添加蛋黄
- **辅食推荐餐单**
  蛋羹、肉（猪瘦肉／鸡肉／鱼肉）泥、蔬菜泥、蔬菜汤

7 月龄（满180天） ✦✦ **8 月龄** ✦✦ **9 月龄**

- **宝宝行为能力**
  舌嚼碎和牙龈咀嚼；喜欢抓握
- **辅食添加计划**
  富含铁的泥糊
- **辅食推荐餐单**
  含铁婴儿米粉、米糊、豆腐泥、瘦肉泥、鱼泥、蔬菜糊（羹／泥）、水果糊（羹／泥）

- **宝宝行为能力**
  主要用牙龈咀嚼；喜欢用手抓取
- **辅食添加计划**
  小颗粒状，锻炼咀嚼能力
- **辅食推荐餐单**
  粥、烂面条、软蒸糕、小颗粒蔬菜、小颗粒水果

- **宝宝行为能力**
  细嚼；能捡起较小物体
- **辅食添加计划**
  扩大食物种类，增加食物厚度和粗糙度，可尝试添加比较软的手抓食物
- **辅食推荐餐单**
  软米饭、软面、小馄饨、蔬菜饼、虾球

- **宝宝行为能力**
  用牙齿咀嚼；手眼协调熟练
- **辅食添加计划**
  较硬的块状食物，可尝试添加芒果、菠萝等
- **辅食推荐餐单**
  五谷豆浆、小饭团、鸡腿、小排骨、鱼肉块（无刺）、蔬果沙拉

10月龄 **11**月龄 **12**月龄 **13～24**月龄

- **宝宝行为能力**
  主要用牙齿咀嚼；锻炼小手精细动作
- **辅食添加计划**
  大颗粒状，锻炼咀嚼能力
- **辅食推荐餐单**
  馄饨、饺子、虾仁、猪肉末、肉丸子、大颗粒蔬菜、大颗粒水果

- **宝宝行为能力**
  13月龄会尝试抓握小勺自己进食，但大多会撒落；18月龄可以用小勺自己进食，有较多撒落；24月龄能用小勺自己进食，较少撒落。
- **辅食添加计划**
  适当加盐、糖，饮食口味仍要淡
- **辅食推荐餐单**
  米饭、馅类主食、牛奶及奶制品

宝宝各阶段辅食软硬度

　　随着宝宝成长和咀嚼能力的增强，食物形状要有所变化以适应宝宝口腔变化的需要。但是宝宝咀嚼能力发展的快慢各有不同，家长还要根据宝宝的实际情况来制作软硬度合适的辅食。

辅食随月龄变化软硬度

7月龄

稀滑的糊

8月龄

稠糊、泥蓉状食物

9~12月龄

带颗粒的：菜、肉、粥
并由稀到干、由细到粗逐渐过渡

13~18月龄

软饭、稍大颗粒的肉和菜
饮食硬度也可稍微增大

19~36月龄

接近成人饮食模式，但应比成人饭菜碎、软、清淡

食物形状的逐渐变化

	稀糊	稠糊	颗粒	块状
粥				—
叶菜				
蛋黄				
胡萝卜				
香蕉				

宝宝各阶段
辅食推荐食材

7月龄

- 主食（富含热量的食物）
  米粉、土豆、红薯、香蕉（可当主食可当水果）等
- 富含维生素和矿物质的食物
  南瓜、胡萝卜、番茄、白萝卜、菠菜、西蓝花、圆白菜、白菜、苹果、草莓等
- 富含蛋白质的食品
  猪肝、鱼肉、婴幼儿配方奶粉等

8月龄

- 主食（富含热量的食物）
  乌冬面、挂面（部分宝宝在第一阶段即可食用）、玉米片、燕麦片等
- 富含维生素和矿物质的食物
  鲜芦笋、秋葵、茄子、扁豆、嫩豌豆、黄瓜、生菜、海带、裙带菜等
- 富含蛋白质的食品
  金枪鱼、三文鱼、鸡胸肉、蛋黄等

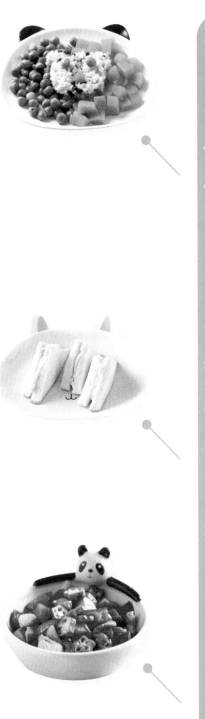

- 主食（富含热量的食物）
  面条、意大利面（部分宝宝在
  第二阶段即可食用）、米饭等
- 富含维生素和矿物质的食物
  牛蒡、莲藕、竹笋、豆芽等
- 富含蛋白质的食品
  黑背鱼（沙丁鱼、秋刀鱼）、
  牛肉、鸡腿肉（去皮）、猪肉、
  水煮大豆等

9~12月龄

- 主食（富含热量的食物）
  面条、小点心、饭团等
- 富含维生素和矿物质的食物
  娃娃菜、豌豆、黄瓜、牛油果等
- 富含蛋白质的食品
  鸡蛋（全蛋）、牛肉、里脊肉等

13~18月龄

- 主食（富含热量的食物）
  奶黄包、小馄饨、烩面等
- 富含维生素和矿物质的食物
  菜花、胡萝卜、笋、秋葵、圆
  白菜等
- 富含蛋白质的食品
  鱼干（低盐）、牛奶及奶制品等

19~36月龄

一眼看出不同食材的量

食材的用量不必精确计量，用勺子或靠感觉就能取到适当的量。

10 克大米

相当于 1 平勺

10 克西蓝花

2 个鹌鹑蛋大
或剁碎后 1 勺

10 克土豆

1 个小碧根果大小

10 克泡发的大米

1 勺凸起 0.5 厘米

20 克西蓝花

一小朵

20 克土豆

1 个中等核桃大小

10 克胡萝卜

搅碎后 1 勺

20 克胡萝卜

2 个奥利奥饼干大小

10 克南瓜

搅碎后 1 勺

10 克菠菜

切碎后 1 勺

20 克金针菇

用手握住时食指到
拇指的第一个指节

10 克豆腐

压碎后 1 勺

10 克洋葱

拳头大小的洋葱切取 1/16
大小

20 克豆芽

用手握住时食指未达到拇
指的第一个指节

20 克豆腐

切取标准豆腐的
1/10 大小的 1 块

10 克牛肉

2 个鹌鹑蛋大小
或压碎后 1/2 勺

10 克苹果

压碎后 1 勺

20 克香菇

去蒂后 1 朵

20 克牛肉

1 满勺的量

10 克黑豆

40 粒

20 克红薯

直径 5 厘米的红薯切取
2 厘米厚的 1 块

必备的省时省力工具

辅食剪

可以把食物剪成适合宝宝吃的大小，携带方便。

料理机

料理机功能比较多，打菜泥、肉泥、果泥都非常细腻，清洗方便。

过滤器

用于滤去辅食中的大颗粒，也可用于焯水等，用处较多。

蒸锅

可以使用小号蒸锅，省时节能。

小汤锅

烫熟食物或煮汤特别方便。

进食工具

勺

需选用软头的婴儿专用勺，宝宝独立使用时不会伤到自己。

餐具

建议选用底部带吸盘的餐具，能够固定在餐桌上。

围嘴（罩衣）

半岁以前防止宝宝弄脏自己胸前的衣服，用围嘴就够了。半岁以后，随着宝宝活动范围增加，就需准备带袖罩衣了。

口水巾

进食时用来帮宝宝擦拭脸和手。

婴儿餐椅

有利于培养宝宝良好的进餐习惯，
会走路以后吃饭也不用追着喂了。

保鲜用品

保鲜盒

做多了的辅食可以放入保鲜盒里冷藏起
来，以备下一次食用。宝宝外出玩耍时，
带的小点心或切好的水果也可以放到保鲜
盒里。

冷藏专用袋

最好是能封口的专用冷
藏袋，做好的辅食分成
小份后放入袋中，放在
冰箱冷藏即可。

掌握技巧，辅食轻松做

1 使用单独的刀、砧板、容器等工具，并且要生食、熟食分开使用。

2 食物要彻底煮熟，肉切开要无血丝，蛋黄呈凝固状态，汤持续煮沸至少1分钟。

3 易腐烂的蔬菜、水果及肉、蛋、鱼，买回来要及时烹饪或冷藏，不要在室温下搁置太久。

辅食制作要注意

4 现吃现做，尽可能给宝宝吃当餐制作的食物，吃不了要及时冷藏。如果是夏季，室温下搁置2小时以上就不要再给宝宝食用了，避免滋生细菌导致宝宝腹泻。

5 宝宝吃辅食的餐具一定要及时清洗，建议每天消毒1次，可以采用煮沸消毒法或是蒸汽消毒法。煮沸消毒法是把辅食餐具洗净后放到沸水中煮5分钟；蒸汽消毒法是把洗净的餐具放到蒸锅中，蒸5~10分钟。

6 辅食烹饪方法宜采用蒸、煮等烹饪方式，不宜用煎、炸等烹饪方式。

制作泥糊状的动物性食物

　　各种泥糊状的动物性食物可以单独吃，也可以和菜泥等一起加入粥或面条中食用。但要注意肝泥不可食用过多，每周1~2次即可。鸡、鸭、鹅的臀尖烹制时要去掉。

肉泥

选用鸡胸肉、猪瘦肉等，洗净后剁碎或用料理机打成肉糜，再加适量水蒸熟或煮烂成泥状。加热前先用研钵或匙把肉糜研压一下，也可在肉糜中加入蛋黄、淀粉等，可以使肉泥更嫩滑。

肝泥

将动物肝洗净、剖开，用刀在剖面上刮出肝泥，或将剔除筋膜后的动物肝等剁碎成肝泥，再蒸熟或煮熟即可。也可将肝蒸熟或煮熟后碾碎成泥。

鱼虾泥

将鱼洗净、蒸熟或煮熟，然后去皮、去骨，将留下的鱼肉用勺压成泥状即可。虾仁剁碎或粉碎成泥，蒸熟或煮熟即可。

制作泥糊状的植物性食物

　　做菜泥、土豆泥时最好加入适量植物油，或与肉泥混合后喂养。水果泥可直接食用。

菜泥

选择菠菜、油菜等绿叶蔬菜，择取嫩菜叶。水煮沸后将菜叶放入水中焯熟，捞出剁碎或捣烂成泥。

土豆泥

将土豆洗净去皮，切成小块后煮烂或蒸熟，用勺压或捣成泥。

苹果泥

苹果切开或去皮，直接用勺将果肉刮成泥。

Part

1

辅食添加，
网络热搜问题
专家精粹解读

热搜词 Q

添加
时间

什么时候开始添加辅食？

《中国居民膳食指南（2016）》针对我国 7~24 月龄婴幼儿营养和喂养的需求、可能出现的问题，参考世界卫生组织（WHO）等相关建议，提出 7~24 月龄宝宝在继续母乳喂养同时，满 6 月龄（满 180 天）起添加辅食。有特殊需要则需要在医生指导下调整辅食添加时间。

❖ 7 月龄要及时添加辅食

这个阶段宝宝的胃肠道等已相对发育完善，可以消化母乳和配方奶以外的食物了。对于 7~12 月龄的宝宝，99% 的铁、75% 的锌、80% 的维生素 B_6、50% 的维生素 C 等需求都要从辅食中获得，所以 7 月龄需要给宝宝引入各种营养丰富的食物。

另外，这个阶段宝宝的口腔运动功能，味觉、嗅觉、触觉等感觉，心理、认知和行为能力也都已经做好接受新食物的准备，此时添加辅食不仅能满足宝宝的营养需求，也能满足其心理需求，更能促进其感知觉、认知、行为能力的发展。

Tips

添加辅食不能早于4个月

当宝宝已经能扶坐，俯卧时能抬头、用两肘支撑起胸部，能有目的地将手或玩具放入嘴里，挺舌反射消失，当小勺触及口唇时宝宝会张嘴、吸吮，能吞咽稀糊状食物时，就表明此时开始添加辅食是适宜的。建议灵活对待辅食添加，4~6 个月是添加辅食的好时机。

第一次怎么添加辅食？

添加辅食初期仍以母乳和配方奶为主，辅食在日常奶量以外添加，可以安排在两顿奶之间，这样不会因为宝宝拒食影响宝宝的进食量和食欲。从每天喂1~2小勺，逐步过渡到小半碗，从每天1次增加到每天2次。每次添加1种食物，每种食物让宝宝适应3天左右。

∴ 提倡顺应喂养，不要强迫进食

让宝宝初尝辅食时有个愉快的开始很重要，所以建议顺应喂养模式。当宝宝拒绝新食物时爸爸妈妈要有耐心，反复尝试，这次不吃可以过两天再尝试，不要强迫宝宝吃。

先喝奶还是先吃辅食？

为了保证母乳喂养，建议宝宝饿时先喂母乳，在两餐奶之间喂宝宝辅食。因为饥饿的时候，宝宝更习惯奶的味道，知道喝奶能够满足他的需求，可能会一心只想喝奶，对辅食兴趣不大。7~24月龄宝宝一天母乳或配方奶与辅食的具体时间安排，可以根据宝宝的实际情况查阅相关章节的"宝宝一周辅食举例"。

∴ 给宝宝养成良好的饮食习惯

为培养宝宝良好的作息习惯，建议从开始添加辅食就尝试将喂辅食安排在家人进餐时或相近的时间。由于宝宝注意力持续时间较短，在20分钟内喂完比较合适，进餐时应鼓励宝宝手抓食物自己吃，学习使用餐具，帮助宝宝增加对食物的兴趣。

先加鸡蛋黄还是先加米粉?

《中国居民膳食指南（2016）》指出，刚开始添加辅食时建议先选择富含铁的婴儿米粉。因为纯米粉引起婴儿过敏的可能性较低，且相对于蛋黄更容易被消化吸收。同时，婴儿米粉还含有淀粉、蛋白质、钙、铁、锌、硒等，能满足宝宝的营养需求。

∷ 等适应米粉后逐渐尝试添加

鸡蛋可以为宝宝补充优质蛋白质和矿物质等。添加辅食适应一段时间后，可以给宝宝添加蛋黄，先从 1/4 个蛋黄开始，逐渐添加到 1 个蛋黄，观察宝宝有无过敏症状，如果宝宝适应良好，可以尝试添加蛋白，逐渐过渡到吃全蛋。

能用骨头汤或果汁冲米粉吗?

不建议一开始就用骨头汤或果汁冲调，应待宝宝完全接受原味米粉后，再逐步往米粉中加入菜泥、果泥、肉泥、蛋黄泥制成复合口味的辅食，让宝宝更好地接受多种食物。如果一开始就使用骨头汤或者果汁给宝宝冲调米粉，会增加宝宝的肠胃负担，影响后期辅食添加。

∷ 添加辅食可以帮助宝宝学习咀嚼能力

给宝宝加泥糊状辅食，一方面是给宝宝增加营养，另外一方面是帮助宝宝练习舌头的搅拌能力，学习咀嚼。

辅食是不是越细碎越好?

有些妈妈在给宝宝添加辅食时会将食物做得很软烂、细碎,认为这样宝宝食用时不会被卡到,更利于吸收,但这是个误区。宝宝的辅食形状、硬度要随着月龄增长而变化,以促进宝宝咀嚼能力和颌面的发育。同时还要特别注意遵循"由少到多、由稀到稠、由细到粗"这个大原则,以适应宝宝的咀嚼、吞咽和消化功能的发展。

喂辅食用奶瓶还是用勺子?

建议家长用勺子给宝宝喂辅食,因为添加辅食就是帮助宝宝一步步脱离奶水的过程,也是让宝宝锻炼自己的口腔运作能力,如果用奶瓶喂辅食就会妨碍宝宝口腔功能的发育。刚开始使用勺子时,宝宝可能会不配合,不要担心,宝宝会很快接受的,这也是为宝宝以后独立吃饭打下良好基础。

∴ 给宝宝准备专门的勺子和碗

宝宝专用餐具是专为宝宝设计的,更适合他们使用,方便宝宝进食。而且宝宝专用餐具可以促进他们手指的灵活运动,锻炼他们手、眼、口的协调能力,促进大脑发育。另外,专用餐具还有助于培养宝宝独立吃饭。

宝宝不爱吃蔬菜怎么办?

如果宝宝只是不吃个别蔬菜,不必勉强,可用其他蔬菜来代替。给宝宝做辅食要注意食材的味道、色泽搭配,还可以做成他喜欢的形状,比如可以用胡萝卜条、黄瓜片摆成小蝴蝶的样子,有利于增强宝宝的食欲。

若宝宝所有蔬菜都不喜欢,家人要带头做榜样,吃蔬菜时表现出津津有味的样子。此外,不要在宝宝面前议论自己不爱吃什么菜,什么菜不好吃之类的话,以免给宝宝不良引导。

添加辅食后宝宝不爱吃奶怎么办?

出现这种情况的原因可能是下面几种情况导致的:①时机不合适,辅食添加过早或过晚。②辅食口味调的比奶浓,使宝宝对淡而无味的奶缺少兴趣。③辅食添加过量,使宝宝饥饿感下降,影响吃奶。④宝宝吃辅食后喝奶量减少,使体内的乳糖酶相对减少,吃奶时容易出现腹胀、腹泻,导致宝宝不爱喝奶。

∴ 根据情况调整辅食

首先要把握好添加辅食的时机,一般在宝宝满6个月时添加辅食。不要操之过急,也不要为了让宝宝吃辅食而减少奶量。如果添加辅食后宝宝身体出现不适,可以先停掉辅食,只吃母乳或配方奶。如果宝宝是单纯对食物兴趣浓厚而"厌奶",不用太紧张,适应一段时间就好了。

Part 2

7 月龄辅食添加，
从富含铁的
泥糊状食物开始

轻松添加辅食攻略

在母乳喂养的基础上添加辅食

宝宝满 6 个月以后仍然需要从母乳中获得热量、营养素、抗体、低聚糖等。母乳喂养有助于减少腹泻、中耳炎、肺炎等各种感染性疾病，以及食物过敏、过敏性皮炎等过敏病症，还可促进宝宝神经、心理发育，增进母子感情。另外，母乳喂养的宝宝成人后出现肥胖以及各种代谢性疾病的概率会明显减少。因此 7~24 月龄的宝宝应在母乳喂养的基础上添加辅食，母乳不足或者不能母乳喂养的宝宝，需要喂配方奶作为母乳补充。

7~9 月龄宝宝

每天母乳或配方奶量不低于 600 毫升，母乳或配方奶喂养不少于 4 次。

10~12 月龄宝宝

每天母乳或配方奶量不低于 600 毫升，母乳或配方奶量喂养不少于 3 次。

12~24 月龄宝宝

每天母乳或配方奶量不低于 500 毫升。

第一口辅食为强化铁米粉

研究显示，我国 7~24 月龄的宝宝缺铁性贫血的发生率仍然处于较高水平，6 个月前的宝宝依靠胎儿期肝脏储存的铁来维持身体的需求，但是满 6 个月后宝宝成长所需要的铁 99% 来自辅食，生长越快对铁的需求量越高。所以，给宝宝吃的第一口辅食应该是富含铁的高热量食物，如富含铁的婴儿米粉。

米粉适应后，宝宝可以尝试喝粥、吃肉泥，当宝宝不再满足于稀糊状食物时，可以增加肉末等，而且瘦肉、肝脏中的血红素铁可以帮助宝宝补铁。

每次只引入 1 种新食物，适应 3 天左右再添加新种类

宝宝的辅食从富含铁的婴儿米粉、米糊等泥糊状食物开始，逐渐引入其他不同种类的食物。但是要注意，每次只添加 1 种新食物，需要让宝宝适应 3 天左右，其间密切观察宝宝是否出现呕吐、腹泻、皮疹等不良反应，确认宝宝适应后再添加新食物。辅食添加要遵循由少到多、由稀到稠、由细到粗、由泥糊状到半固体再到固体食物的总原则，做到循序渐进。

食物多样化，均衡营养

　　理想的辅食应该多样化，并且不影响母乳或配方奶的供应。中国营养学会妇幼分会建议我国 7~12 月龄的宝宝每天摄取 500~700 毫升奶类、15~50 克蛋、25~75 克肉（包括畜、禽、鱼虾等），再配以谷物、蔬菜、水果等，要全面而均衡地摄取营养。

优质蛋白质的补充来源，包括黄豆、豆浆、豆腐等

富含碳水化合物，为宝宝提供热量，包括米粉、稠粥、软饭、面条等

为宝宝提供多种维生素、矿物质、膳食纤维，包括白菜、西蓝花、橘子、苹果等

为宝宝提供必不可少的优质蛋白质、钙、铁、锌、维生素A等。包括鸡蛋、猪瘦肉、牛肉、虾、小沙丁鱼等

提供热量和必需脂肪酸，包括玉米油、花生油等

豆类及制品
蔬果
谷物类
油脂类
肉蛋鱼及制品

Tips

如何发现宝宝辅食过敏

　　辅食过敏主要影响宝宝的三大系统：皮肤、消化和呼吸系统。皮肤过敏最常见。对于婴幼儿来说，常见表现主要分为两类，一类是急性皮肤过敏，表现为皮肤瘙痒、红斑、局部或全身出现风团（急性荨麻疹），嘴唇、脸部和眼周出现急性血管神经性水肿。另一类是慢性皮肤过敏，除了瘙痒、红斑等表现外，还有过敏性皮炎（湿疹）。

由少到多、由稀到稠、由细到粗

　　宝宝吃辅食需要一个适应过程，第一次喂辅食先尝试 1 小勺，第一天尝试 1~2 次。第二天视宝宝情况增加量或次数，观察 3 天后，再引入一种新食物。刚开始添加辅食时，食物性状要更接近于奶，可以调成稍稀的泥糊状（用小勺舀起后不会很快滴落）。

　　因为每种食物都有自己独特的味道，有的甜味足一些，有的味道淡一些，宝宝天生更爱"甜食"，一旦先吃了甜的，再让他吃寡淡的，就不太容易接受。所以，建议添加原味辅食。食物的制作应精细流质开始，再逐步到固体食物，让宝宝有个适应的过程，这样更有助于肠胃的消化。

妈妈们遇到的问题及应对

母乳与辅食怎么喂

开始添加辅食时应先保证母乳或配方奶摄入，在宝宝两顿奶之间喂辅食，再按需哺乳。满7月龄时，形成辅食单独成一餐，辅食与母乳间隔喂养模式，即母乳4~6次/日，辅食2~3次/日。尽量将喂辅食安排在家人吃饭时间，帮助宝宝养成和大人同时进餐的作息。

宝宝厌奶、便秘、腹泻怎么办

当宝宝喝奶量减少时，许多妈妈会认为这是进入厌奶期，事实上，妈妈可以检查下是不是辅食喂多了，宝宝没有饥饿感会影响喝奶的欲望。其次，检查下宝宝的喝奶过程是否不舒服，比如外在环境温湿度不适当，环境过于吵闹，尿布不清洁，拍嗝动作不正确等。如果宝宝因出现腹胀、腹泻，也会导致不爱喝奶，情节严重，建议咨询医生。

出现便秘的宝宝，可在辅食中增加富含膳食纤维的蔬菜和薯类，有利于排便。还可以通过给宝宝做抚触、捏脊、推拿来缓解便秘。

如果宝宝出现了腹泻，需要停止添加辅食，减少喂奶量，延长两次喂奶的时间间隔，让宝宝的肠胃暂时休息一下。人工喂养的宝宝，如果出现严重腹泻并伴随呕吐，必要时可选用防腹泻配方奶，等身体恢复正常再恢复辅食添加。

宝宝一周辅食举例

母乳　配方奶

餐次 周次	第1餐 07:00	第2餐 10:00	第3餐 12:00	第4餐 15:00	第5餐 18:00	第6餐 21:00
周一			富铁婴儿米粉 （P34）		南瓜米糊 （P35）	
周二			富铁婴儿米粉 （P34）		南瓜米糊 （P35）	
周三			富铁婴儿米粉 （P34）		南瓜米糊 （P35）	
周四			南瓜米糊 （P35）		菠菜米糊 （P35）	
周五			富铁婴儿米粉 （P34）		菠菜米糊 （P35）	
周六			菠菜米糊 （P35）		苹果米糊 （P37）	
周日			富铁婴儿米粉 （P34）		苹果米糊 （P37）	

注：此处仅仅是7月龄宝宝一周食谱举例，千万不要按这个表重复喂4周。等宝宝适应了某一种食物后，再继续添加新的食物，让宝宝尽可能尝试多种的食材。其他章节"宝宝一周辅食举例"也是如此

Part 2　7月龄辅食添加，从富含铁的泥糊状食物开始

33

富铁婴儿米粉

营养食材　富铁婴儿米粉 30 克。

健康做法

① 取一个小碗用沸水消毒。

② 在小碗中倒入米粉，按比例一边倒温水一边搅拌均匀。

───── 快乐成长好营养 ─────

富铁婴儿米粉含有碳水化合物、维生素、DHA、钙、铁等多种营养元素，能满足宝宝身体成长所需。

南瓜米糊

营养食材　大米 20 克，南瓜 100 克。

健康做法

1. 大米洗净，浸泡 30 分钟，放入料理机中磨碎；南瓜洗净，去瓤、子和皮，放入蒸锅中充分蒸熟，放入碗中，捣成泥。

2. 把磨碎的米和适量水倒入锅中，用大火煮开，放入南瓜泥，转小火煮烂，用过滤网过滤，取汤糊即可。

— 快乐成长好营养 —

南瓜含有丰富的膳食纤维，能促进宝宝肠道蠕动，可以预防和缓解宝宝便秘。

扫一扫，看视频

菠菜米糊

营养食材　菠菜 20 克，富铁婴儿米粉 25 克。

健康做法

1. 菠菜洗净，放入沸水中煮软捞出，剁碎后捣成泥。

2. 取适量温水，在富铁婴儿米粉中慢慢多次加入温水，调成适合宝宝吃的糊状，再拌入菠菜泥即可。

— 快乐成长好营养 —

菠菜是营养价值较高的蔬菜，能补充维生素 C 和胡萝卜素，其含有的膳食纤维有助于预防宝宝便秘。

圆白菜　小米　苹果　胡萝卜

圆白菜米糊

营养食材　大米 40 克，圆白菜 20 克。

健康做法

1. 大米洗净，浸泡 30 分钟，放入料理机中磨碎；圆白菜洗净，放入沸水中充分煮熟后，捞出切碎。

2. 将磨碎的大米倒入锅中，加 8 倍米量的水大火煮开，放入圆白菜碎，改小火煮开，煮至圆白菜碎软烂即可。

快乐成长好营养

圆白菜含有丰富的维生素 C、膳食纤维，可为宝宝补充营养。

苹果米糊

营养食材 苹果25克，富铁婴儿米粉20克。

健康做法

❶ 苹果洗净，去皮、核，蒸熟后用料理机打成泥状。

❷ 取适量温水将富铁婴儿米粉调成适合宝宝吃的糊状，再拌入苹果泥即可。

> 快乐成长好营养
>
> 苹果可以帮助宝宝补充钾、镁等矿物质，其味道酸甜，可以提升宝宝的食欲。

胡萝卜小米糊

营养食材 胡萝卜、小米各40克。

健康做法

❶ 小米洗净后放入料理机中磨碎，放入锅中，加适量水熬成糊。

❷ 胡萝卜洗净，去皮，切块，蒸熟后压成泥。

❸ 将胡萝卜泥放入盛有小米糊的锅中，搅拌均匀，稍煮后出锅即可。

> 快乐成长好营养
>
> 小米和胡萝卜中都富含胡萝卜素，二者搭配可以调节宝宝免疫力，促进宝宝视力发育。

双花菜泥

营养食材　西蓝花、菜花各 50 克。

健康做法

❶ 西蓝花和菜花取花冠部分，放入淡盐水中浸泡
20 分钟，再用流动的水冲洗干净。

❷ 起锅烧水，水开后放入菜花和西蓝花，煮至全
熟后捞出，放入料理机中，加少许温水打成泥
糊状即可。

快乐成长好营养

西蓝花和菜花都富含钾、镁、钙、维生素 C
等，能够帮助宝宝增强抵抗力。

鳕鱼泥

营养食材 鳕鱼 50 克。

健康做法

❶ 鳕鱼解冻，洗净，去皮、刺，放入盘中，入锅蒸熟。

❷ 将蒸熟的鳕鱼肉放入料理机，打碎成泥即可。

— 快乐成长好营养 —

鳕鱼可以为宝宝提供优质蛋白质、多不饱和脂肪酸和 DHA，能促进宝宝大脑发育。

苹果藕粉羹

营养食材 藕粉 20 克，苹果 30 克。

健康做法

❶ 苹果洗净，去皮、核，蒸熟后用料理机打成泥。

❷ 藕粉放入碗中，先倒入少许凉白开搅匀，然后再倒入刚烧开的水，边倒边搅拌至透明。

❸ 将苹果泥放入冲好的藕粉中搅拌均匀即可。

— 快乐成长好营养 —

莲藕营养丰富，含碳水化合物丰富，可以为宝宝提供热量。此外，莲藕中还含有较多的维生素 C、钙、铁、钾等营养物质，有利于增强宝宝的抵抗力。

猪肝泥

营养食材　猪肝100克。

健康做法

❶ 猪肝剔去筋膜，切片，用清水浸泡30~60分钟，中途勤换水。泡好的猪肝片用清水反复清洗，最后用热水再清洗一遍。

❷ 将洗好的猪肝片放入蒸锅中，大火蒸20分钟左右。蒸熟后将猪肝片放入料理机，加少许温水打成泥即可。

—— **快乐成长好营养** ——

猪肝富含血红素铁，是宝宝补铁的极佳食物来源。猪肝还含有卵磷脂和多种矿物质，有利于宝宝大脑智力发育。

草莓香蕉酱

营养食材 草莓 100 克，香蕉 1/3 根。

健康做法

① 草莓去蒂，洗净后用清水浸泡 20 分钟，再用白开水冲洗一遍。

② 削掉草莓顶部略硬部分；香蕉去皮，切段。

③ 将处理好的香蕉和草莓一起放入料理机中打成泥即可。

───── 快乐成长好营养 ─────

草莓中的维生素 C 和香蕉中的钾含量都很丰富，一同食用有助于帮助宝宝增强抵抗力。

西葫芦烂面条

营养食材 西葫芦 40 克，面条 30 克。

健康做法

❶ 西葫芦洗净，去皮去瓤，切薄片，用沸水烫熟后用料理机打成泥。

❷ 将面条掰成小碎段，放入沸水锅中煮至软烂后捞出，放入西葫芦泥拌匀即可。

—— 快乐成长好营养 ——

西葫芦含钙较丰富，面条碳水化合物丰富，可为宝宝提供热量。

8月龄可以加入蛋黄，尝试末状食物

轻松添加辅食攻略

向末状食物过渡

辅食添加是锻炼宝宝咀嚼和吞咽能力的过程，所以宝宝不能一直只吃泥糊状食物，8月龄阶段大多数宝宝还处于蠕嚼期，而有些宝宝已经长牙了，因此可以尝试逐步过渡到末状食物。

此阶段蔬菜、水果不再需要用料理机打成泥，剁碎或者用研磨碗研碎就行。同时，家长也需要做好示范，可以用夸张的表情和动作诱导宝宝模仿进食。

开始尝试添加蛋黄，和肉类间隔添加

蛋黄富含的营养，有利于宝宝体格和智力的发育，这个月龄可以尝试给宝宝添加蛋黄了。因为蛋清更容易使宝宝过敏，所以建议蛋黄和蛋清分开添加，10~12月龄再给宝宝添加全蛋更为合适。

1岁前宝宝肾脏还没发育完善，所以蛋白质在一天的辅食比例中不宜过多，否则会给肾脏造成负担。因此，建议蛋黄和肉类采用隔天交替添加的方式。《中国居民膳食指南》推荐7~24月龄的宝宝每天蛋的摄入量为25~50克。

适当补充热量，主食多变化

大部分宝宝在这个月龄已经开始学爬行，活动量增多，热量也消耗得更多，辅食中需要添加更丰富的碳水化合物、脂肪和蛋白质类食物，为宝宝补充热量。这个时期主食要多多变化，丰富宝宝对食物的体验，比如一餐米糊，下一餐就吃面。

宝宝辅食并非一成不变

宝宝辅食添加的食材并不是一成不变的，本书中给出的每周推荐食材只是参考，其他没有列举的食材，只要性质类似、宝宝接受良好都可以添加。

妈妈们遇到的问题及应对

如何判断宝宝辅食添加效果好不好

生长曲线是评价宝宝喂养效果的黄金标准，通过生长曲线可以连续观察宝宝身高、体重等重要指标的变化，了解宝宝的生长、发育情况，还可以判断宝宝是否肥胖，有没有生长发育迟缓的迹象。

宝宝用牙床咀嚼食物会影响长牙吗

辅食添加和宝宝出牙是相辅相成的，5~6月龄宝宝的颌骨与牙龈已经发育到一定程度，可以吃些稀糊状食物。在乳牙萌出后咀嚼能力将进一步增强。此阶段增加食物硬度有所提升，应让宝宝多咀嚼，可以促进牙齿萌出，使牙齿更坚固、排列更整齐，有利于牙齿与颌骨的正常发育。

宝宝的出牙时间

一般宝宝7~9月龄开始萌出乳牙，出牙早的宝宝有可能在5月龄就萌出第一颗乳牙，晚的可能在10~12月龄才萌出第一颗乳牙。

怎么让宝宝多吃点

宝宝的胃容量是有差异的，只要宝宝生长发育正常，就不用非要宝宝多吃点。家长应关注的是怎样让宝宝辅食更丰富、可口，让宝宝健康顺利由辅食过渡到家庭饮食。宝宝的食量可以让他自己决定，不要强迫宝宝多吃。吃饱后还强迫宝宝吃，不仅容易造成宝宝对食物的反感，还可能引发积食。

宝宝积食怎么办

积食其实就是吃多了，可能出现发热、上吐下泻、不想吃饭、精神萎靡等，这时候可考虑停两顿辅食，用米汤调理肠胃，还可以通过推拿、捏脊等方法来辅助缓解症状。

宝宝一周辅食举例

母乳　配方奶

餐次 周次	第1餐 07:00	第2餐 10:00	第3餐 12:00	第4餐 15:00	第5餐 18:00	第6餐 21:00
周一			蛋黄玉米羹 （P48）		小勺刮取 香蕉泥	
周二			什锦果泥 （P48）		鸡蓉胡萝卜泥 （P50）	
周三			番茄鳕鱼泥 （P47）		小勺刮取 苹果泥	
周四			三彩豆腐羹 （P52）		什锦果泥 （P48）	
周五			油菜蛋羹 （P49）		小勺刮取 香蕉泥	
周六			什锦肉末 （P53）		双花菜泥 （P38）	
周日			番茄鳕鱼泥 （P47）		什锦果泥 （P48）	

第1周 推荐食材　番茄　蛋黄　玉米　梨

番茄鳕鱼泥

营养食材　番茄 1 个，鳕鱼 100 克。

健康做法

1. 鳕鱼解冻，洗净，去皮去刺，用料理机打成泥；番茄洗净，去皮、蒂，用料理机打成泥。
2. 平底锅放油烧热，倒入番茄泥滑炒均匀，再放入鳕鱼泥快速搅拌均匀，炒至鱼肉熟透。

—— 快乐成长好营养 ——

番茄中含有丰富的胡萝卜素及维生素，能为宝宝健康成长提供必不可少的丰富营养。

扫一扫，看视频

Part 3　8月龄可以加入蛋黄，尝试末状食物

47

蛋黄玉米羹

营养食材 鲜玉米粒 100 克，蛋黄 1/2 个。
健康做法

1. 鲜玉米粒洗净，放入料理机打成蓉；蛋黄取一半量，打散。
2. 将玉米蓉放入锅中，加没过食材的水，大火煮沸后转小火煮 15 分钟。
3. 转大火，倒入另一半蛋黄液，不停搅拌至煮熟即可。

—— 快乐成长好营养 ——

玉米中含有较高的谷氨酸，有利于健脑。

什锦果泥

营养食材 梨 50 克，苹果 25 克，香蕉半根。
健康做法

1. 梨和苹果分别洗净，去皮、核，切块，蒸熟。
2. 香蕉去皮，切小块，连同蒸熟的梨块、苹果块一起研碎成泥即可。

—— 快乐成长好营养 ——

梨肉香甜可口，汁水丰富，还含有钾、维生素 C、膳食纤维等，有利于宝宝成长。

油菜蛋羹

营养食材　蛋黄 1 个，油菜 20 克。

健康做法

① 油菜择洗干净，焯熟，切碎；将蛋黄放入碗中打散，加少许凉白开搅拌均匀。

② 蛋黄液中放入油菜碎，拌匀，放入碗中，碗口蒙上一层耐高温的保鲜膜，用牙签扎几个小孔，入蒸锅，水开后中火蒸 10 分钟即可。

快乐成长好营养

油菜不但富含维生素 C、胡萝卜素，钙含量也很高，有助于调节宝宝免疫能力。

扫一扫，看视频

Part 3　8月龄可以加入蛋黄，学吃末状食物

鸡蓉胡萝卜泥

营养食材 鸡胸肉50克，胡萝卜30克。

健康做法

1. 鸡胸肉洗净，去掉筋膜，剁碎；胡萝卜洗净，去皮，切块。
2. 将剁碎的鸡肉放一个碗中，胡萝卜块放另一个碗中，一起放入蒸锅，水开后大火蒸20分钟。
3. 取出，将蒸熟的鸡肉碎、胡萝卜块放一起研碎成泥，调入适量温水，搅拌均匀即可。

—— 快乐成长好营养 ——

鸡肉含有丰富的优质蛋白质，有助于促进宝宝成长。

香菇鱼肉泥

营养食材 香菇2朵，鳕鱼100克。

健康做法

1. 鳕鱼洗净，去皮、刺；香菇洗净，去蒂，切碎。
2. 鳕鱼和香菇碎分别装碗，入锅蒸熟。
3. 取出，把鳕鱼研碎，将鱼肉碎和香菇碎混合在一起，拌匀即可。

—— 快乐成长好营养 ——

香菇中含有丰富的氨基酸、钙等；鱼肉是优质蛋白质、DHA的优质来源，二者搭配有助于调节宝宝免疫力。

小白菜　土豆　豆腐　猪肉

小白菜蛋黄粥

营养食材　小白菜40克，熟蛋黄1个，大米20克。

健康做法

❶ 大米淘洗干净，加适量水熬成粥。

❷ 小白菜洗净，切碎；熟蛋黄放入碗中研碎。

❸ 将小白菜碎、蛋黄碎一起放入米粥中煮熟即可。

╭─── 快乐成长好营养 ───╮

小白菜口感清新甜美，可以为宝宝提供钙、磷、铁等矿物质、膳食纤维及多种维生素，是宝宝成长的营养好食材。

三彩豆腐羹

营养食材　豆腐 30 克，油菜 40 克，南瓜、土豆各 50 克。

健康做法

1. 油菜择洗干净，焯熟，切碎；南瓜洗净后去皮、瓤，切块；土豆洗净，去皮切块，和南瓜块一起放入蒸锅蒸熟，取出后分别捣成泥。

2. 豆腐用清水冲一下，放入开水锅中煮 10 分钟，捞出沥水，研成末状，放入油菜碎、南瓜泥、土豆泥拌匀即可。

快乐成长好营养

豆腐中的卵磷脂和蛋白质能为宝宝的生长发育提供营养，其含有的钙有利于宝宝骨骼发育。

什锦肉末

营养食材 猪肉 50 克，菠菜、胡萝卜各 30 克，水淀粉适量。

健康做法

① 猪肉洗净，剁碎。菠菜择洗净，用热水焯熟，切碎；胡萝卜洗净，去皮，切碎。

② 将猪肉碎、菠菜碎、胡萝卜碎一起放入碗中，调入水淀粉，用筷子搅拌上劲。

③ 取圆盘，把打好的蔬菜猪肉泥均匀地装入盘中，放入蒸锅，水开后蒸 20～30 分钟，凉凉即可食用。

快乐成长好营养

猪肉中维生素 B_1 的含量丰富，有助于消化，还可帮助维持神经组织、肌肉、心脏正常活动，搭配蔬菜食用营养更均衡。

燕麦猪肝粥

营养食材　燕麦 35 克，猪肝 50 克。

健康做法

1. 燕麦去杂质洗净，放入锅内，加适量水煮熟至开花，捞出。

2. 猪肝剔去筋膜后切片，用清水浸泡 30～60 分钟，中途勤换水。泡好的猪肝片用清水反复清洗，最后用热水再清洗一遍，放入蒸锅，水开后大火蒸 20 分钟左右。

3. 把蒸好的猪肝片放入碗中研碎，和煮开花的燕麦一起放入小奶锅中，加适量水，中火熬煮成粥即可。

── 快乐成长好营养 ──

燕麦含有丰富的维生素 B$_2$、维生素 E 以及磷、铁、钙等矿物质，可促进宝宝生长，燕麦还富含膳食纤维，有助于预防宝宝便秘。

白萝卜鸡肉泥

营养食材 白萝卜、鸡胸肉各 50 克。

健康做法

❶ 鸡胸肉洗净，切成小丁；白萝卜洗净，去皮，切成小丁。

❷ 锅中倒入适量清水，放入鸡丁和萝卜丁，中小火煮 10 分钟左右，至变软。

❸ 煮好的鸡丁和萝卜丁倒入碗中，研散。研磨的时候可加入适量炖鸡肉萝卜的汤汁。

—— 快乐成长好营养 ——

鸡肉含蛋白质、钙、磷、铁等矿物质，营养丰富。白萝卜有促进消化、增强食欲的作用。

豌豆奶蓉

营养食材　豌豆 50 克，土豆 60 克，配方奶 10 克。

健康做法

① 土豆洗净，去皮，切丁；配方奶按标准对成奶液。

② 豌豆洗净，和土豆丁一起放入沸水中煮至熟软，捞出，豌豆去皮。

③ 将煮好的土豆丁和去皮的豌豆一起放入料理机中，倒入部分奶液，打成蓉。

④ 把豌豆奶蓉倒入小奶锅中，再加入剩下的奶液，搅拌均匀，炖煮一会儿即可。

豌豆富含赖氨酸、维生素 C 和膳食纤维，有助于调节宝宝免疫力。有的宝宝可能不太喜欢豌豆的豆腥味，所以加了配方奶做遮掩。如果宝宝适应性好，也可以把奶改为水。

扫一扫，看视频

Part

4

9 月龄来点面条、
小颗粒食物，
提升咀嚼能力

轻松添加辅食攻略

食物可以粗糙点

这个时期，虽然有的宝宝已经长了好几颗牙，但仍然主要以牙龈咀嚼的细嚼期，不管长没长牙，让宝宝尝试质地不那么硬的食物都有助于锻炼他的咀嚼能力。因此，本阶段的辅食添加要过渡到小颗粒状。但是要注意，食物虽然可以粗糙一点，但还要是软的，质地较硬的食物需要等宝宝大部分牙齿长出来后才行。

手抓食物吃得香

此阶段不用再把水果、蔬菜全部做成泥糊给宝宝吃，水果可以削掉果皮，切成小片让宝宝拿着自己啃；蔬菜可以做成小颗粒状添加到辅食中。宝宝自己拿着吃能帮助锻炼小手的灵活性，为以后自己独立吃饭做准备。

适当增加粗纤维食物

芹菜、空心菜、韭菜等绿色蔬菜和藕、萝卜、笋等根茎类蔬菜，都富含较多的膳食纤维。建议此阶段逐一添加，在锻炼宝宝咀嚼能力的同时也锻炼了肠胃功能。

培养宝宝细嚼慢咽的好习惯

细嚼慢咽有助于食物的消化和营养的吸收利用，也有利于预防口腔问题和胃肠疾病的发生，因此从开始吃辅食就有意识地培养宝宝细嚼慢咽的好习惯，会让宝宝受益一生。家长要以身作则，放慢吃饭速度，每口食物多咀嚼几次，让宝宝学着家长来做。

妈妈们遇到的问题及应对

宝宝为什么总把食物吐出来

随着宝宝接触的食物种类越来越多，他就逐渐有了自己的"喜好"，不喜欢的就吐出来是很正常的反应。下面的这些情况宝宝可能会吐食物。

1. 偏酸或带点苦涩：这些食物可与甜味食物搭配，中和宝宝不喜欢的味道。
2. 质地过于粗糙：可做得细软一些。
3. 面条过长：将面条切短、切小。

宝宝喜欢吃虾，可以总给吗

已经吃过鱼肉、蛋黄的宝宝，辅食中可以加入虾，但是仍然需要观察宝宝吃虾后是否有过敏反应。一般 100 克虾（约 3 只）中蛋白质的含量就超过一个完整鸡蛋的蛋白质含量了，参照婴儿膳食宝塔建议：12 月龄前的宝宝每天摄入 500~700 毫升奶类加一个或者半个蛋黄，或者一个全蛋加 25~75 克肉类，就基本可以满足宝宝一天对蛋白质的需求。因此，如果宝宝当天已经吃过一个蛋黄，再吃一只虾就可以了。而且，不宜每天都在辅食中添加虾，一周 2~3 次即可。

宝宝喜欢边吃边玩，怎么办

从宝宝第一次吃辅食开始，就要建立良好的饮食习惯，要让宝宝有一种仪式感。进餐时最好让宝宝在固定的场所、固定的时间坐在固定的餐椅上，给宝宝戴上围嘴或穿上罩衣，把专用餐具摆上餐桌后再把辅食端上来。让宝宝熟悉这一整套程序，使其尽快投入到吃饭这件事上来。如果已经习惯边吃边玩，家长要及时纠正，不能心软。

宝宝一周辅食举例

🍼 母乳　🍼 配方奶

餐次 周次	第1餐 07:00	第2餐 10:00	第3餐 12:00	第4餐 15:00	第5餐 18:00	第6餐 21:00
周一	母乳/配方奶	母乳/配方奶	燕麦猪肝粥 （P54）	母乳/配方奶	香菇鱼肉泥 （P50）	母乳/配方奶
周二	母乳/配方奶	母乳/配方奶	火龙果 山药泥 （P62）	母乳/配方奶	油菜蛋羹 （P49）	母乳/配方奶
周三	母乳/配方奶	母乳/配方奶	生菜鸡肉粥 （P61）	母乳/配方奶	豌豆奶蓉 （P56）	母乳/配方奶
周四	母乳/配方奶	母乳/配方奶	苋菜面 （P63）	母乳/配方奶	火龙果山药泥 （P62）	母乳/配方奶
周五	母乳/配方奶	母乳/配方奶	丝瓜鱼泥 小米粥 （P66）	母乳/配方奶	海苔豆腐羹 （P67）	母乳/配方奶
周六	母乳/配方奶	母乳/配方奶	紫薯蛋黄羹 （P67）	母乳/配方奶	茄泥 （P62）	母乳/配方奶
周日	母乳/配方奶	母乳/配方奶	鲜虾小馄饨 （P68）	母乳/配方奶	猕猴桃甜汤 （P70）	母乳/配方奶

生菜鸡肉粥

营养食材   生菜 50 克，鸡肉 30 克，大米 20 克。

健康做法

❶ 生菜择洗干净，切碎；鸡肉洗净，切碎。

❷ 大米淘洗干净，放入锅中，滴入几滴植物油，加适量水熬至粥熟，放入鸡肉碎煮一会，再放入生菜碎煮熟即可。

—— 快乐成长好营养 ——

生菜中含有丰富的维生素 C，可以增强宝宝的抵抗力，其还含有膳食纤维，有助于宝宝预防便秘。

扫一扫，看视频

火龙果山药泥

营养食材 小火龙果 1/4 个，山药 40 克。

健康做法

❶ 火龙果去皮，取果肉，切成丁；山药洗净，去皮，切块，蒸熟。

❷ 将蒸熟的山药放入碗中，加适量温水、压碎搅匀，加入火龙果丁拌匀即可。

— 快乐成长好营养 —

火龙果中含有丰富的胡萝卜素、维生素 C 和膳食纤维，有助于保护宝宝的视力、促进排便。

茄泥

营养食材 茄子 70 克，核桃油少许。

健康做法

❶ 茄子洗净，去皮，切成细条，隔水蒸 10 分钟左右。

❷ 将蒸熟的茄子放入料理机，加几滴核桃油搅拌成泥即可。

— 快乐成长好营养 —

茄子可以为宝宝提供钙、烟酸、膳食纤维等营养素，蒸熟后口感细腻，非常适合宝宝食用。

苋菜 鸭肉 绿豆 口蘑

苋菜面

营养食材 细面条 100 克，苋菜 50 克，玉米粒 20 克。

健康做法

❶ 苋菜择洗干净，切小段；玉米粒洗净后煮熟，用料理机打成玉米泥备用。

❷ 将细面条、苋菜段入沸水锅中煮至熟烂后盛出，倒入玉米泥搅拌均匀即可。

—— 快乐成长好营养 ——

苋菜中铁、钙的含量比较丰富，是蔬菜中的佼佼者，有助于促进宝宝成长。

Part 4 9月龄宝宝辅食，从泥糊向颗粒食物，提升咀嚼能

什锦鸭丝面

营养食材 面粉 150 克，菠菜 80 克，鸭肉 30 克，小番茄 3 个，小白菜 20 克，香菇 1 朵。

健康做法

① 菠菜择洗干净，只取叶子，焯熟后放入料理机打成糊。

② 将面粉倒入大碗中，加植物油和菠菜糊搅拌均匀，揉成面团，用保鲜膜覆盖，静置 15 分钟。

③ 小番茄洗净，切碎；小白菜择洗干净，切碎；鸭肉洗净，切丝，焯熟；香菇洗净，去蒂，焯熟后切碎。

④ 将醒好的面团擀成薄厚均匀的面片，再切成粗细均匀的面条。

⑤ 另取锅，加适量清水煮沸后下面条、焯熟的鸭丝、香菇碎，再次煮沸后转小火再放入小白菜碎、番茄碎煮至面条熟烂即可。

快乐成长好营养

鸭肉可以为宝宝补充优质蛋白质和不饱和脂肪酸，对宝宝的健康成长有益。

口蘑绿豆粥

营养食材　口蘑1个，绿豆30克，大米20克。
健康做法

1. 绿豆、大米淘洗干净，分别用清水浸泡2个小时；口蘑洗净，去蒂，切丁。
2. 将泡好的绿豆、大米和口蘑丁一起放入锅中，加适量清水煮至粥软烂即可。

―― 快乐成长好营养 ――

绿豆可以为宝宝提供丰富的碳水化合物、膳食纤维、钾、镁等，和大米一同食用，属于粗细粮搭配，营养均衡。口蘑中所含有的固醇物质可以转化成维生素D，可促进钙吸收，而且口蘑含有较多的微量元素硒，能够调节宝宝免疫力。

丝瓜鱼泥小米粥

营养食材　丝瓜、鱼肉各 30 克，小米 25 克。

健康做法

❶ 丝瓜洗净，去皮去瓤，切丝；鱼肉去刺，切碎；小米淘洗干净。

❷ 锅中加适量清水煮沸后放入小米，再次煮沸后加入丝瓜丝和鱼肉碎，煮至粥熟即可。

——— 快乐成长好营养 ———

小米中 B 族维生素含量丰富，有利于宝宝大脑发育；丝瓜可以为宝宝补充丰富的维生素 C。

海苔豆腐羹

营养食材 海苔 10 克, 豆腐 30 克, 胡萝卜 20 克。

健康做法

❶ 豆腐略洗, 切丁; 胡萝卜洗净, 去皮, 切丁。

❷ 锅中加适量水放入胡萝卜丁煮软, 再放入豆腐丁, 淋上植物油煮至软烂, 撕碎海苔放入锅中, 煮软即可。

― 快乐成长好营养 ―

海苔含碘丰富, 是宝宝补碘的良好食物来源, 其还含有钾、钙、镁、磷等矿物质, 能促进宝宝骨骼发育。

紫薯蛋黄羹

营养食材 小紫薯 2 个, 熟蛋黄 1 个。

健康做法

❶ 紫薯洗净, 去皮, 切块后蒸熟。

❷ 将蒸熟的紫薯块和熟蛋黄一起放入料理机中, 加适量白开水, 打成泥即可。

― 快乐成长好营养 ―

紫薯富含硒和花青素, 有助于提高宝宝的抵抗力。

9 月龄来点面条, 小颗粒食物, 是升咀嚼能力

扫一扫，看视频

鲜虾小馄饨

营养食材　鲜虾 3 只，胡萝卜 50 克，馄饨皮、香油各适量。

健康做法

① 鲜虾洗净，剥去虾壳，去虾线，切碎；胡萝卜洗净，去皮，切碎。

② 将切碎的虾肉和胡萝卜碎放入碗中，加少许香油搅拌均匀，包入馄饨皮中。

③ 锅中加水煮沸后下入小馄饨，煮至浮起熟透即可。

> **快乐成长好营养**
>
> 虾肉质鲜美，含有较多的钙、磷、钾、锌、硒，能为宝宝发育提供非常多的营养。

牛肉胡萝卜粥

营养食材　牛肉20克，胡萝卜40克，大米30克。
健康做法

① 牛肉洗净，切碎，用沸水焯一下；胡萝卜洗净，去皮，切丁。

② 大米淘洗干净，加适量水煮成粥，加入牛肉碎、胡萝卜丁一起煮熟即可。

———— 快乐成长好营养 ————

牛肉中肌氨酸含量高，有助于宝宝增长肌肉、增强力量，且其富含维生素 B_6、锌、镁，有助于调节宝宝免疫力。

Part 4　9月龄来点面条、小颗粒食物，提升咀嚼能力

核桃红豆豆浆

营养食材 核桃2个，红豆50克。

健康做法

❶ 核桃取核桃仁；红豆洗净，用清水浸泡一晚。

❷ 将核桃仁和泡好的红豆一起放入豆浆机中，加适量清水打成豆浆即可。

—— 快乐成长好营养 ——

核桃富含亚油酸和 α - 亚麻酸、蛋白质、镁、磷等，具有补脑健脑的作用。

猕猴桃甜汤

营养食材 猕猴桃、苹果、梨各半个。

健康做法

❶ 苹果、梨洗净，去皮、核，切小块，放入锅中，加没过食材的水，煮软。

❷ 猕猴桃去皮，果肉切块，放入煮苹果和梨的锅中，再煮2~3分钟即可。

—— 快乐成长好营养 ——

猕猴桃含有丰富的维生素C，有助于促进铁的吸收，可调节免疫力。

Part 5

10月龄自己用勺子吃，
慢慢向大颗粒过渡

轻松添加辅食攻略

过渡到大颗粒，可以尝试软米饭了

虽然大多数宝宝在这个时期还处于牙龈磨碎食物的阶段，但这时食物质地应该从小颗粒过渡到大颗粒了，可以尝试添加软米饭，不再全部做成粥糊或者粥羹了。这个阶段，还可以给宝宝吃香蕉块、苹果块、煮熟的土豆块和胡萝卜块等，锻炼他自己咬着吃。

辅食制作尽量多变换花样

这个时期宝宝吃饭会越来越主动，想要抓起勺子自己吃，这是逐步建立良好饮食习惯的重要过程。所以，让宝宝对吃饭保持兴趣很重要，这就需要家长在制作辅食的时候在造型、颜色等方面多变换花样。

研究显示，宝宝喜欢直接和强烈的颜色对比，比如红、绿等鲜艳的颜色，建议利用食物天然的颜色进行搭配，南瓜、彩椒、紫薯、菠菜等可以作为厨房常备"杀手锏"。而食物的造型，就比较考验家长的心灵手巧了，不擅长做造型的家长也不用发愁，现在很方便就能买到各种造型的模具，直接用就好了。

摄入富含铁、锌的食物

随着宝宝的成长，他对铁和锌的需求逐渐增加，母乳中铁、锌含量明显不能满足宝宝需求，需要从辅食中获取一定的铁、锌。

富含铁食物来源：动物肝脏、红肉、动物血、虾、木耳、芝麻等。

富含锌食物来源：牡蛎、猪肝、牛肉、鱼肉、大豆、花生等。

妈妈们遇到的问题及应对

宝宝抗拒使用勺子怎么办

　　帮助宝宝学会用勺子，是让他学会自己吃饭的第一步。刚开始的时候，宝宝可能只是在玩勺子，拿着勺子挥舞、用勺子对着食物戳来戳去，很多家长认为宝宝是不好好吃饭，并马上阻止。其实，他只是在感受吃饭的乐趣，不建议阻止。事实上，宝宝的很多能力都是在游戏中建立的。所以，引导宝宝学会使用勺子才是关键。

　　首先，家长要和宝宝一起用勺子吃饭，形成最初的模仿，如果在吃饭的过程中宝宝对你手中的勺子感兴趣，想要抢，就给他，即使他拿着两把勺子也没关系。接着，家长需要做"好吃"的示范——用夸张的动作和表情向宝宝演示怎么用勺子舀取食物、放入口中、咀嚼。动作要慢，让宝宝看清楚，这是锻炼宝宝手眼协调的关键步骤。

　　在宝宝学习吃饭的过程中肯定会出现到处都是食物的情况，可以说是一片狼藉。建议尽量给宝宝提供方便舀取、不易撒的食物，软米饭、稠粥、小煎饼等都是不错的选择。另外，家长要有耐心，尽量减少喂食的次数，尊重宝宝学习吃饭的意愿。

宝宝一周辅食举例

> 🍼 母乳　🍼 配方奶

餐次 周次	第1餐 07:00	第2餐 10:00	第3餐 12:00	第4餐 15:00	第5餐 18:00	第6餐 21:00
周一	母乳/配方奶	母乳/配方奶	芦笋香菇汤 （P77）	母乳/配方奶	苋菜面 （P63）	母乳/配方奶
周二	母乳/配方奶	母乳/配方奶	红豆黑米粥 （P75）	母乳/配方奶	香桃果泥 （P81）	母乳/配方奶
周三	母乳/配方奶	母乳/配方奶	紫菜鸡蛋饼 （P82）	母乳/配方奶	红豆黑米粥 （P75）	母乳/配方奶
周四	母乳/配方奶	母乳/配方奶	薏米黄瓜 红薯饭 （P81）	母乳/配方奶	牛肉胡萝卜粥 （P69）	母乳/配方奶
周五	母乳/配方奶	母乳/配方奶	苋菜面 （P63）	母乳/配方奶	番茄巴沙鱼 （P84）	母乳/配方奶
周六	母乳/配方奶	母乳/配方奶	三文鱼肉松 （P80）	配方奶	牛油果酱 （P75）	母乳/配方奶
周日	母乳/配方奶	母乳/配方奶	香橙小煎饼 （P83）	配方奶	木耳三彩虾球 （P76）	母乳/配方奶

红豆黑米粥

营养食材　黑米、红豆、南瓜各 20 克，大
米 30 克。

健康做法

1. 黑米、红豆洗净，分别提前用清水浸泡
一晚。

2. 大米浸泡 30 分钟，淘洗干净；南瓜洗
净，去皮、瓤，洗净后切小块。

3. 将大米和泡好的黑米、红豆一起放入锅
中，加适量清水煮至粥稠，再放入南瓜
块煮软即可。

───（ 快乐成长好营养 ）───

黑米含有丰富的花青素，有抗氧化作
用，本粥粗细粮搭配，营养丰富。

牛油果酱

扫一扫，看视频

营养食材　牛油果 1 个。

健康做法

1. 牛油果去壳、去核，果肉切成小块。

2. 牛油果块放入料理机，加少量水打成泥
即可。

───（ 快乐成长好营养 ）───

牛油果富含多种维生素、钠、钾、镁、
钙等，不饱和脂肪酸含量占其脂肪含量
的 80%，是非常好的辅食食材。

Part 5　10 月龄自己用勺子吃·慢慢向大颗粒过渡

木耳三彩虾球

营养食材 鲜虾 3 只，水发木耳 4 朵，小番茄 3 个，西蓝花 40 克，面粉适量。

健康做法

① 鲜虾洗净，去壳和虾线，将虾仁放入料理机中打成泥；水发木耳洗净，去掉硬梗；小番茄洗净，对半切开；西蓝花洗净，去掉硬梗；三者分别放入料理机中打成泥。

② 将虾肉泥分成 3 份，分别与木耳泥、小番茄泥、西蓝花泥加适量面粉搅拌上劲。

③ 准备一锅清水烧开，然后双手洗净，蘸水，从虎口处挤出一个个虾球放入开水中，转小火保持微沸，煮至虾球变白浮起，捞出即可。

—— 快乐成长好营养 ——

木耳营养丰富，可以为宝宝成长提供 B 族维生素和膳食纤维，能够帮助促进肠道蠕动。

芦笋香菇汤

营养食材　芦笋 2 根，香菇 3 朵。

健康做法

① 芦笋、香菇洗净，切碎。

② 平底锅中刷少许植物油，烧热后放入芦笋碎、
　 香菇碎，煸炒出香味。

③ 锅中加适量清水，将食材全部煮软即可。

───── 快乐成长好营养 ─────

芦笋味道鲜美芳香，叶酸、钾含量丰富，能
增进食欲，促进消化。

Part 5　10月龄自己用勺子吃，慢慢向大颗粒过渡

77

菠菜猪血面

营养食材 猪血 30 克，菠菜 60 克，面条 50 克，
香油适量。

健康做法

① 猪血洗净，用沸水焯烫片刻，捞出后切成小块；
菠菜择洗净，用沸水焯烫后切碎。

② 锅中加适量水，水开后放入面条煮软，放入猪
血块，小火煮至面熟，放入菠菜碎略煮片刻，
出锅前滴两滴香油即可。

——— 快乐成长好营养 ———

猪血是比较好的补铁食物，但给宝宝吃要适
量，一周 1~2 次即可。

海带鸡蛋饼

营养食材 鲜海带 20 克，蛋黄 1 个，香葱适量。

健康做法

① 将新鲜的海带丝冲洗干净后放锅内煮 2 分钟，捞出切段，长短自定；香葱切碎。

② 蛋黄在碗中打散，放入海带、香葱，加适量水，搅拌成蛋液。

③ 不粘锅放油烧至八成热，倒入蛋液快速摊平，一面凝固后翻至另一面，两面煎好后装盘切开食用。

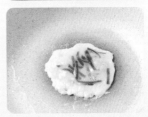

—— 快乐成长好营养 ——

海带里面有丰富的碘和多种人体所需的矿物质，宝宝食用可预防甲状腺疾病，还有调节免疫力等功效。

第3周推荐食材　三文鱼　薏米　黄瓜　桃子

三文鱼肉松

营养食材　三文鱼 500 克,柠檬 1/2 个。

健康做法

1. 三文鱼洗净后切薄片,装盘;柠檬洗净,挤出柠檬汁淋在三文鱼片上,腌制 15 分钟。
2. 取平底锅放入植物油后烧热,放入三文鱼片煎至两面金黄。
3. 凉凉后装入食品袋中,用擀面杖隔着食品袋将三文鱼片碾碎。
4. 把碾碎的三文鱼放入锅中炒干,然后放入料理机中打碎,凉凉后装罐密封即可。

扫一扫,看视频

快乐成长好营养

三文鱼富含 DHA,有强脑、健脑的功效,被誉为"大脑的保护神"。

协和专家宝宝辅食大全

薏米黄瓜红薯饭

营养食材 薏米、黄瓜、红薯各 20 克，大米 30 克。

健康做法

❶ 薏米、大米淘洗干净，用清水浸泡 2 小时；黄瓜洗净，去皮切小块；红薯洗净，去皮，切小块。

❷ 将泡好的薏米、大米连同红薯块、黄瓜块一起放入电饭煲中，加适量水煮成软米饭即可。

─ 快乐成长好营养 ─

薏米含有丰富的 B 族维生素、矿物质、膳食纤维等，是一种营养丰富的谷物，能起到健脾开胃的作用。黄瓜可以为宝宝提供一定量的维生素 C。

香桃果泥

营养食材 桃子半个，香蕉半根。

健康做法

❶ 桃子洗净，去皮，切小丁。

❷ 香蕉放入料理机中打成泥，盛出，加入桃子丁，搅拌下即可。

─ 快乐成长好营养 ─

桃子清香、香蕉甘甜，香桃果泥是一款很好的辅食小甜品。且桃子中膳食纤维含量丰富，有助于预防宝宝便秘。

Part 5 10月龄自己用勺子吃，慢慢向大颗粒过渡

紫菜鸡蛋饼

营养食材　蛋黄1个，紫菜3克，面粉30克。

健康做法

① 紫菜洗净，撕碎，用清水略泡软。

② 蛋黄在碗中打匀，加入面粉、紫菜碎搅拌成糊。

③ 油锅烧热，舀一大勺面糊倒入锅中，摊均匀，两面煎熟，出锅切块即可。

── 快乐成长好营养 ──

紫菜富含碘，用紫菜做辅食，有助于预防宝宝缺碘。

香橙小煎饼

营养食材　橙子1个，低筋面粉适量。

健康做法

1️⃣ 橙子洗净，切成圆片，去子，挖出果肉，用料理机打成泥。

2️⃣ 低筋面粉放入碗中，将打好的橙子泥倒入面粉中，加适量清水搅拌成均匀的面糊。

3️⃣ 平底锅刷油，放入橙子皮圈，将面糊倒入圈中，小火煎至面糊固定后翻面，反复翻面至煎熟即可。

───── 快乐成长好营养 ─────

橙子富含维生素C，且味道香甜可口，能开胃、促食欲。

Part 5　10月龄自己用勺子吃，慢慢向大颗粒过渡

番茄巴沙鱼

营养食材　巴沙鱼 70 克，番茄 30 克，姜丝、葱段各适量。

健康做法

① 将巴沙鱼解冻后，用厨房纸擦去水分，切成小块，加姜丝、葱段腌渍 10 分钟，取出姜丝和葱段。

② 番茄顶上划"十"字，放在沸水中烫一下，去皮，切小块。

③ 锅内倒油烧热，放入番茄翻炒出汁，加适量水煮沸，倒入巴沙鱼块，煮 5 分钟，大火收汁即可。

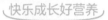
快乐成长好营养

> 巴沙鱼含一定量的 DHA 和 EPA，还含有丰富的卵磷脂，有助于提高宝宝记忆力。

Part

6

11 月龄颗粒大点
也不怕，
宝宝饭量大增

轻松添加辅食攻略

颗粒可以再大一点

11 月龄的宝宝主要用牙齿咀嚼，所以辅食颗粒再大一点也不怕，可以给宝宝馒头片，让他自己咬着吃，这样也能锻炼宝宝的咀嚼能力。

辅食仍然要注重食材选择

虽然 11 月龄宝宝饮食跟成人饮食越来越接近，但是并不意味着可以随意选择食材。盐、糖、蜂蜜等调味料还不能让宝宝尝试，建议宝宝 1 岁后再添加。

晚间辅食向正餐过渡，夜奶减量减次

宝宝接近 12 月龄的时候可以着手减少夜间的奶量和喂奶次数，而不是到了 1 岁后突然断夜奶。断夜奶不是断奶，仍然需要给宝宝喝奶，可以推迟临睡前喝奶的时间，而且每天奶量需要保持在 600 毫升。

因此，夜奶需要缓慢减量以和喂奶次数。晚间的辅食也需要逐渐过渡到正常的饭，如粥、面条、馄饨等。这时水果可作为下午加餐食用。

Tips

宝宝大便有颗粒状未消化食物怎么办

如果宝宝大便中出现食物的颗粒，说明辅食偏粗，下次要磨得更细碎。如果大便中仅有细小的颗粒，且较少，不必多虑，继续正常添加即可，这只是身体接受的过程，慢慢就会正常。

妈妈们遇到的问题及应对

加工食品吃不吃

宝宝吃的第一口辅食婴儿米粉、磨牙期专门吃的磨牙饼干都属于加工食品，可见并不是绝对不能给宝宝吃加工食品的，只是要有选择。怎么选择呢？那就要学会看配料表，配料表中的配料越简单、越接近原始食材越健康。反之，配料表中添加的成分越多越不好，膨化、油炸、过多糖盐的加工食品要杜绝。

另外，给宝宝的食品能做尽量亲手做，比如磨牙饼干可以做出多种口味，还能避免加入添加剂。

要不要追着喂饭

宝宝在学会走路后可能会减少对食物的兴趣，出现边跑边吃，或者只顾着玩儿不吃饭的情况，此时有的家长会端着饭追在宝宝后面喂，这是不可取的。从小给宝宝培养良好的饮食习惯很重要，不仅是为了让宝宝充分消化吸收吃进去的食物，这更是一种行为教养，有利于宝宝健康成长。

因此，家长要给宝宝准备固定的就餐座位，过了吃饭时间就收走餐具，再想吃只能等下一餐，几次后宝宝就有了规律吃饭的意识，能帮助他养成良好的饮食习惯。

只给宝宝喝白开水就可以吗

因为母乳中80%～90%的成分是水，所以新生儿不需要额外喂水。6月龄后，随着辅食的添加，喂奶量逐渐减少，再加上肾功能逐渐健全，宝宝开始需要额外补充水分，白开水是最好的选择。

宝宝是否缺水可以通过尿液观察

1. 看排尿次数。3岁以下的宝宝，每天排尿的次数是6～8次，如果宝宝的排尿次数少于6次，则表示宝宝身体缺水，需要补水。
2. 看尿液颜色。如果宝宝尿液是无色或浅黄色，说明不缺水。如果尿液颜色为深黄色，则表示宝宝需要补水。

宝宝一周辅食举例

母乳　配方奶

餐次 周次	第1餐 07:00	第2餐 10:00	第3餐 12:00	第4餐 15:00	第5餐 18:00	第6餐 21:00
周一	平菇 蔬菜粥 （P90）	母乳/配方奶	什锦烩饭 （P89）	母乳/配方奶 + 水果	鲅鱼饺子 （P97）	母乳/配方奶
周二	紫菜 鸡蛋饼 （P82）	母乳/配方奶	空心菜 蛋黄粥 （P93）	母乳/配方奶 + 水果	牡蛎疙瘩汤 （P93）	母乳/配方奶
周三	菠菜 猪血面 （P78）	母乳/配方奶	白萝卜 虾蓉饺 （P91）	母乳/配方奶 + 水果	平菇蔬菜粥 （P90）	母乳/配方奶
周四	红豆 黑米粥 （P75）	母乳/配方奶	豆芽 丸子汤 （P92）	母乳/配方奶 + 水果	红枣南瓜发糕 （P95）	母乳/配方奶
周五	鲜虾 小馄饨 （P68）	母乳/配方奶	什锦烩饭 （P89）	母乳/配方奶 + 水果	鸡丝炒茼蒿 （P95）	母乳/配方奶
周六	菠菜 猪血面 （P78）	母乳/配方奶	牡蛎疙瘩汤 （P93）	母乳/配方奶 + 水果	肉末蒸笋 （P98）	母乳/配方奶
周日	丝瓜鱼泥 小米粥 （P66）	母乳/配方奶	豇豆肉末面 （P94）	母乳/配方奶 + 水果	红豆南瓜 银耳羹 （P96）	母乳/配方奶

什锦烩饭

营养食材　软米饭 50 克，香菇 2 朵，虾仁、熟栗子各 30 克，豌豆、玉米粒各 10 克。

健康做法

❶ 熟栗子去壳，取肉，切丁；虾仁洗净，去虾线，切丁；香菇洗净，去蒂，切丁；豌豆、玉米粒洗净。

❷ 将香菇丁、豌豆和玉米粒用沸水焯熟，捞出沥干；油锅烧热放入栗子丁、虾仁丁炒出香味。

❸ 锅中加少量水，倒入软米饭，加香菇丁、豌豆和玉米粒翻炒均匀即可。

─── 快乐成长好营养 ───

栗子和豌豆含有较多的碳水化合物，可以为宝宝补充热量，同时还含有蛋白质、B 族维生素、膳食纤维等。搭配食用可以为宝宝提供更全面的营养。

Part 6　11 月龄颗粒大点也不怕·宝宝饭量大增

89

平菇蔬菜粥

营养食材 大米、平菇各 30 克，芹菜、胡萝卜、玉米粒各 20 克。

健康做法

1. 平菇洗净，撕成小片；大米浸泡 30 分钟，淘洗干净。
2. 芹菜洗净，切丁；胡萝卜洗净，去皮，切丁；玉米粒洗净。
3. 锅中加适量水，将大米、平菇片、芹菜丁、胡萝卜丁、玉米粒一起放入锅中熬煮成粥即可。

—— 快乐成长好营养 ——

平菇含的平菇多糖有助于宝宝增强体质。

扫一扫，看视频

葡萄汁

营养食材 葡萄 200 克。

健康做法

1. 葡萄洗净，放入榨汁机中，倒入温水。
2. 汁榨好后用纱网过滤即可。

—— 快乐成长好营养 ——

葡萄味美多汁，可以起到开胃和助消化的作用。

白萝卜虾蓉饺

营养食材 白萝卜50克，鲜虾3只，饺子皮适量。

健康做法

1. 白萝卜去皮，洗净，切丝；鲜虾去壳、去虾线，洗净，切碎。
2. 将白萝卜丝和虾肉碎放入碗中，倒入少许植物油拌匀，包入饺子皮中。
3. 锅中加水大火烧开，放入饺子煮熟即可。

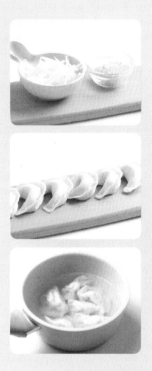

── 快乐成长好营养 ──

白萝卜有促进消化、增强食欲的作用。白萝卜和虾做馅可以淡化白萝卜独特的气味，避免宝宝初次尝试不接受。

豆芽丸子汤

营养食材　豆芽 40 克，猪里脊肉 150 克，水淀粉少许。

健康做法

1. 猪里脊肉洗净，剁成肉泥，加水淀粉，用筷子顺着一个方向搅上劲；豆芽洗净。
2. 锅中加适量清水，烧开后，用勺子舀出一个个丸子放入锅中，再次煮开后转小火煮熟；放入豆芽，煮熟即可。

快乐成长好营养

豆芽含有膳食纤维，有助于预防宝宝便秘；猪里脊富含铁、锌，有助于预防宝宝贫血。

牡蛎疙瘩汤

营养食材　牡蛎 3 个，面粉 100 克，紫甘蓝、菠菜各 20 克。

健康做法

❶ 菠菜和紫甘蓝择洗干净，用沸水焯熟，然后分别放入料理机中加适量温水，打成浓稠的蔬菜汁，装在两个碗中备用。

❷ 牡蛎去掉内脏，用清水反复清洗，略切。

❸ 将面粉分成 3 份，2 份分别加入紫甘蓝汁和菠菜汁，1 份加适量水，做 3 份面糊。

❹ 锅中加水烧开后，将面糊用漏勺滴入锅中，面糊在锅中凝结成小面疙瘩，倒入牡蛎肉，煮至熟透即可。

── 快乐成长好营养 ──

牡蛎有"海底牛奶"的美称，可为宝宝提供钙、铁、锌等多种矿物质。

空心菜蛋黄粥

营养食材　大米 50 克，空心菜 60 克，熟蛋黄 1 个。

健康做法

❶ 空心菜择洗干净，切碎；熟蛋黄放入碗中碾碎。

❷ 大米淘洗干净，加适量水熬至粥熟，放入空心菜碎和蛋黄碎拌匀，略煮一会儿即可。

── 快乐成长好营养 ──

空心菜可以为宝宝提供维生素 C、胡萝卜素等营养素，能增强体质，促进成长。多吃蔬菜有助于均衡营养，减少偏食挑食。

Part 6　11月龄颗粒大点也不怕，宝宝饭量大增

豇豆肉末面

营养食材　猪肉 60 克，蛋黄 1 个，豇豆 30 克，面条适量。

健康做法

1. 猪肉洗净，剁成肉糜；豇豆择洗干净，沸水焯熟后切丁；蛋黄打散，煎成蛋饼，切碎。

2. 锅中加植物油，烧热后下猪肉糜翻炒至变色，放入豇豆丁和鸡蛋碎，翻炒片刻，肉酱就做好了。

3. 将面条用水煮软后盛出，加适量肉酱与面条拌匀即可。

——— 快乐成长好营养 ———

豇豆中含有的维生素 B_1，有助于促进胃肠道蠕动，可帮助消化，增进食欲。

扫一扫，看视频

红枣南瓜发糕

营养食材　南瓜 100 克，红枣 2 颗，面粉
100 克，葡萄干、酵母粉各少许。

健康做法

❶ 南瓜洗净，去皮、瓤，蒸熟后捣成南
瓜泥，凉凉后加入面粉，倒入酵母粉
和水揉成面团，放置发酵；红枣洗
净，去核去皮，切碎；葡萄干洗净。

❷ 面团发至 3 倍大时，加入红枣碎、葡萄
干，上锅蒸 30 分钟，凉凉后切小块。

快乐成长好营养

红枣有健脾养胃的作用，甜甜的口感可
促进宝宝食欲。

鸡丝炒茼蒿

营养食材　茼蒿 100 克，鸡胸肉 60 克。

健康做法

❶ 茼蒿掐去老茎，洗净，切段；鸡胸肉洗
净，切丝。

❷ 锅中放油，烧热后倒入鸡丝，炒至变色，
再放入茼蒿段一起炒熟即可。

快乐成长好营养

茼蒿中含有特殊香味的挥发油，有助于
宝宝开胃、消食。

红豆南瓜银耳羹

营养食材　水发银耳100克，红豆20克，南瓜50克。

健康做法

❶ 将水发的银耳用清水洗净，撕成小朵；红豆洗净，用清水浸泡一晚；南瓜洗净，去皮、瓤，切小丁。

❷ 将处理好的银耳和红豆放入锅中，加稍微没过食材的清水，盖上盖子，大火烧开后转中火煮1小时，再放入南瓜丁，煮至南瓜软烂即可。

───── 快乐成长好营养 ─────

银耳富含可溶性膳食纤维，对于宝宝胃肠道的调理多有益处。

鲅鱼饺子

营养食材 鲅鱼肉 50 克，芦笋 3 根，胡萝卜 30 克，
饺子皮、香油各适量。

健康做法

❶ 胡萝卜和芦笋分别洗净，去皮，切丁；鲅鱼肉洗
净，切碎，加少许香油，倒入胡萝卜丁和芦笋丁搅
拌均匀，做成饺子馅。

❷ 将馅料放在饺子皮上，包成饺子。

❸ 取锅加水，水开后下入饺子，煮熟即可。

——— 快乐成长好营养 ———

鲅鱼的肉肥厚，肉多刺少，很适合宝宝食用。宝
宝吃鲅鱼还有促进智力发育、保护视力的作用。

肉末蒸笋

营养食材 竹笋1根，猪里脊肉30克。

健康做法

❶ 竹笋剥除硬壳，洗净，切丁，用沸水焯软。

❷ 猪里脊肉洗净后切末。

❸ 将竹笋丁和猪肉末拌匀，上锅蒸熟即可。

〔 快乐成长好营养 〕

竹笋味道鲜美，可以为宝宝提供丰富的矿物质和膳食纤维。

橘子汁

营养食材 橘子2个。

健康做法

❶ 橘子去皮，剥出果肉，去子，放入料理机中。

❷ 加适量凉白开，打成汁即可。

〔 快乐成长好营养 〕

橘子可以为宝宝提供丰富的维生素C，且有开胃促食的作用。

12 月龄适当
增加食物硬度，
可以尝试断夜奶

轻松添加辅食攻略

可以吃全蛋了

为了减少宝宝过敏的风险，一般在 10~12 月龄添加全蛋。但是，因为 3 岁前的宝宝肠胃功能还没有完全成熟，所以建议每天或者隔天吃一个全蛋就好，按照蒸蛋、白煮蛋、煎蛋的顺序添加，一旦宝宝出现不适就暂停。

基本能满足宝宝一天的蛋白质需求量

1 个鸡蛋

600 毫升奶

50 克左右肉类

可以尝试断夜奶

宝宝 12 月龄的时候可以尝试给他断夜奶，断夜奶是个循序渐进的过程，要给宝宝足够的适应时间，可以逐渐增加晚间那餐辅食的固体食物比例，以推迟临睡前那顿奶的时间，逐渐减少夜奶次数，并尽快完成断夜奶。

适当增加食物硬度

宝宝牙齿的萌出、颌骨的正常发育、胃肠道功能以及消化酶活性的提高，都需要通过添加固体食物来促进，所以此阶段宝宝的辅食中可以适当增加食物的硬度。

妈妈们遇到的问题及应对

为什么以前不挑食现在开始挑食了

以前不挑食现在挑食了，不一定是宝宝真的挑食，而是随着宝宝长大，他对新鲜食物和味道充满好奇，可能会出现口味的改变，比如之前喜欢的食物突然就不喜欢了。这时家长不必过于焦虑，不用过分强调一些食物的功效，同时不要马上给宝宝贴上"偏食、挑食"的标签，可以给宝宝多尝试不同的食物，或同一种食物可尝试多种不同做法。

为什么要添加手指食物

手指食物通常是小块或小条的形状，方便宝宝抓握、咬食，可以锻炼宝宝的各种能力。手指食物并不局限于手指形状的食物，洋葱圈、水果块等都属于手指食物。

宝宝通过手抓食物，可以慢慢学会根据食物的大小、软硬来思考怎么抓，如何放进嘴里等

手、眼、口的协调能力

控制咀嚼和吞咽节奏

妈妈喂食会掌握节奏，宝宝吃自己亲手抓来的食物，需要学会控制吞咽和咀嚼，否则会被呛到

促进宝宝尽快自主吃饭

如果宝宝表现出想要抓大人碗里的食物，妈妈就可以为他准备一些手指食物，这样有利于宝宝尽快自主吃辅食

开始给宝宝的手指食物，大约是宝宝大拇指的大小，可以是小块或长条，根据宝宝的抓握能力调整手抓食物的形状。手指食物的软硬度以宝宝可以用牙龈磨碎为准，之后逐渐增加食物的硬度，以利于宝宝的口腔发育。

宝宝一周辅食举例

母乳　配方奶

餐次 周次	第1餐 07:00	第2餐 10:00	第3餐 12:00	第4餐 15:00	第5餐 18:00	第6餐 21:00
周一	鲅鱼饺子（P97）	母乳/配方奶	薏米黄瓜红薯饭（P81）	母乳/配方奶 ＋水果	芋头南瓜煲（P106）	母乳/配方奶
周二	红枣南瓜发糕（P95）	母乳/配方奶	芦笋香菇汤（P77）	母乳/配方奶 ＋水果	小黄鱼豆腐汤（P107）	母乳/配方奶
周三	鲜虾小馄饨（P68）	母乳/配方奶	苦瓜牛肉盖浇饭（P105）	母乳/配方奶 ＋水果	蛤蜊蒸蛋（P108）	母乳/配方奶
周四	牡蛎疙瘩汤（P93）	母乳/配方奶	金针菇菠萝什锦饭（P112）	母乳/配方奶 ＋水果	香椿芽拌豆腐（P111）	母乳/配方奶
周五	豇豆肉末面（P94）	母乳/配方奶	番茄巴沙鱼（P84）	母乳/配方奶 ＋水果	芋头南瓜煲（P106）	母乳/配方奶
周六	豆芽丸子汤（P92）	母乳/配方奶	平菇蔬菜粥（P90）	母乳/配方奶 ＋水果	荷兰豆炒虾仁（P103）	母乳/配方奶
周日	空心菜蛋黄粥（P93）	母乳/配方奶	海带鸡蛋饼（P79）	母乳/配方奶 ＋水果	干贝厚蛋烧（P110）	母乳/配方奶

荷兰豆炒虾仁

营养食材　虾仁 30 克，荷兰豆 50 克，葱花、姜片各适量。

健康做法

① 虾仁剥壳去虾线，洗干净。荷兰豆择去老筋，洗净，焯熟，控干水。

② 锅内放少许油，炒香姜片。下入处理好的虾仁、葱花，炒匀到虾基本变色，倒入焯过的荷兰豆炒匀，出锅。

―――― 快乐成长好营养 ――――

虾仁可提供丰富的蛋白质；荷兰豆含丰富的维生素和膳食纤维，有助于防止宝宝便秘。

枇杷水

营养食材 枇杷 3 个。

健康做法

① 枇杷洗净，去蒂、去皮，对半切开后去核及核与果肉之间的薄膜，再把果肉分切两半。

② 将枇杷果肉放入锅中加 3 倍的水，中火煮开后再煮 5 分钟左右，果肉变软即可。

—— 快乐成长好营养 ——

枇杷甜美滋润，有清心润肺的功效。

芝麻莴笋饭

营养食材 莴笋 100 克，米饭半碗，白芝麻适量。

健康做法

① 莴笋洗净，去皮，切小块，焯熟。

② 油锅烧热，放入莴笋块和芝麻炒出香味，加适量清水煮开，收汁。

③ 将炒香的莴笋芝麻浇在米饭上，拌匀即可。

—— 快乐成长好营养 ——

莴笋中含有莴苣素，能促进消化、增进食欲，还有一定助眠作用。

扫一扫，看视频

苦瓜牛肉盖浇饭

营养食材　苦瓜 50 克，牛里脊肉 30 克，胡萝卜、大
米、小米各 20 克。

健康做法

1. 大米、小米淘洗干净，煮成二米饭。
2. 苦瓜洗净，去皮、瓤，焯软；胡萝卜洗净，去皮，切丁，焯软；牛里脊肉洗净，切丁。
3. 油锅烧热，放入牛肉丁炒香，再加入苦瓜丁、胡萝卜丁稍炒，加水焖煮至汁收。取适量二米饭，将炒好的菜浇在饭上即可。

———— 快乐成长好营养 ————

苦瓜的苦味有助于促进宝宝味觉的发育，而且苦瓜还能为宝宝健康成长提供膳食纤维、苦瓜苷、磷等。

芋头南瓜煲

营养食材 核桃1个，芋头、南瓜各50克，葡萄干10克。

健康做法

❶ 核桃取核桃仁，掰碎；葡萄干洗净，用温水泡软。

❷ 芋头洗净，去皮切块；南瓜洗净，去皮、瓤，切成均匀的块。

❸ 油锅烧热，放入南瓜块和芋头块，翻炒1分钟，加稍没过食材的清水煮开，然后放入核桃碎用小火继续煮20分钟，盛出后点缀葡萄干即可。

— 快乐成长好营养 —

芋头也是宝宝主食的优良选择，能够提供丰富的碳水化合物，还含钾、膳食纤维，有助于促进宝宝肠道蠕动。

小黄鱼豆腐汤

营养食材 小黄花鱼 200 克，豆腐 100 克，葱花、姜片各适量。

健康做法

① 小黄花鱼去鳞、内脏，洗净；豆腐洗净后焯水，捞出沥干后切小块。

② 油锅烧热，爆香葱花、姜片，放入小黄花鱼略煎，倒入 3 碗清水，放入豆腐块焖煮 15 分钟即可。

───── 快乐成长好营养 ─────

小黄花鱼肉质鲜嫩，富含磷脂、蛋白质。小黄花鱼和豆腐都是含钙丰富的食物，这是一道补钙佳肴。

蛤蜊蒸蛋

营养食材   蛤蜊5个，鸡蛋1个，虾仁2个，鲜香菇1朵。

健康做法

① 先把蛤蜊放在水中浸泡，让其吐净泥沙，再放入沸水中焯烫至张开，取出蛤蜊肉，切碎；虾仁去虾线，切碎；香菇洗净去蒂，焯熟，切碎。

② 鸡蛋打散，加入蛤蜊碎、虾仁碎、香菇碎，搅拌均匀，蒙上保鲜膜，用牙签扎几个透气孔。

③ 蒸锅中加水，水开后将鸡蛋液入蒸锅，隔水蒸15分钟即可。

—— 快乐成长好营养 ——

蛤蜊富含蛋白质、多种维生素及矿物质，能促进宝宝身体代谢，调节免疫力。

洋葱番茄蛋花汤

营养食材 洋葱 100 克，番茄半个，鸡蛋 1 个。

健康做法

① 洋葱洗净，去老皮，切丁；番茄洗净，去皮，切小块；鸡蛋洗净，打散。

② 锅中加适量清水，煮开后放入洋葱丁煮熟，再放入番茄块煮开，淋上鸡蛋液，搅出蛋花即可。

— 快乐成长好营养 —

洋葱可以促进食欲，帮助消化，还有助于预防感冒。

桑葚草莓果酱

营养食材 草莓 150 克，桑葚 80 克，柠檬 1 个。

健康做法

① 将草莓和桑葚清洗干净，去蒂，切粗粒；柠檬洗净，对半切开，挤出柠檬汁。

② 草莓粒和桑葚粒一起放入碗中，倒入柠檬汁，覆上保鲜膜放冰箱冷藏，腌渍一晚。

③ 取出后放入锅中，加入腌渍好的草莓粒、桑葚粒和适量水，用大火煮开，撇去浮沫，换小火熬煮 15 分钟即可。

— 快乐成长好营养 —

桑葚可以为宝宝提供丰富的膳食纤维、花青素等，可开胃消食，调节免疫力。

Part 7 12 月龄适当增加食物硬度，可以尝试断夜奶

干贝厚蛋烧

营养食材　鸡蛋1个，番茄半个，干贝10克。

健康做法

1. 番茄洗净，去皮，切碎；干贝洗净，用水泡2小时，隔水蒸15分钟，切碎。
2. 鸡蛋在碗中打散，放入番茄碎、干贝碎搅拌均匀。
3. 油锅烧热，先均匀地倒一层蛋液，凝固后卷起盛出，再倒一层蛋液重复操作。蛋卷盛出后切段即可。

──── 快乐成长好营养 ────

干贝可以为宝宝提供丰富的钙、磷、铁、蛋白质等多种营养。

扫一扫，看视频

香椿芽拌豆腐

营养食材 嫩香椿芽 50 克，豆腐 100 克，香油适量。

健康做法

1 嫩香椿芽择洗干净，用开水焯 5 分钟，捞出沥干，切碎；豆腐用清水冲一下，放开水锅中煮 2~3 分钟，捞出沥干，切块。

2 将香椿芽碎和豆腐块拌均匀，淋上香油即可。

快乐成长好营养

香椿含有香椿素，其挥发性气味有助于宝宝开胃、健脾。

金针菇菠萝什锦饭

营养食材　菠萝150克，鸡蛋1个，豌豆、玉米粒各20克，金针菇30克，洋葱80克，胡萝卜半根，米饭适量。

健康做法

① 菠萝洗净，底部切掉，从1/3处切开，挖出菠萝肉，切小块后用清水泡10分钟。

② 鸡蛋打散成蛋液；洋葱剥去老皮，切丁；胡萝卜洗净，去皮，切丁；豌豆、玉米粒分别洗净，用沸水焯熟；金针菇洗净，切掉根部，焯熟，切小段。

③ 平底锅中放植物油，把洋葱丁、胡萝卜丁、豌豆、玉米粒、金针菇段先放入锅中，小火翻炒一下，再倒入米饭一起翻炒至略显金黄，倒入菠萝块和鸡蛋液，大火翻炒至鸡蛋凝固，盛到菠萝中即可。

注：金针菇和菠萝有一定的致敏性，初食可少量食用，观察有无过敏现象，下次视情况酌情加量

―――― 快乐成长好营养 ――――

菠萝有助于健胃消食；金针菇有促进成长和健脑的作用，被誉为"益智菇"。

Part

8

13~18月龄
变化饮食结构，
向成人饮食过渡

轻松添加辅食攻略

接近成人饮食，但还要强调碎、软

　　1岁以后宝宝的饮食模式逐渐向成人过渡，每天应该摄入包括谷物、肉、蛋、奶、蔬菜、水果等12种以上的食物。但这个阶段宝宝的消化系统还在发育中，此时不建议辅食比例过大，每天仍然需要保证400~600毫升奶量。饮食也不能和大人完全一样，在尝试大块食物的同时仍要强调碎、软，而且避免油炸、味道过重的及刺激性的食物。

注重食物创意

　　这个阶段宝宝的求知欲和探索欲十分旺盛，好动，一般食物可能吸引不了他了。此时家长要多花些心思在食物的创意上，通过丰富的食材、造型和多变的口味，或者带有故事内容的创意套餐来吸引宝宝的注意力。

　　同时，这个阶段更注重培养宝宝良好的饮食习惯，比如固定在同一位置吃饭，不要边玩边吃。

少量递进添加盐

　　12月龄内宝宝辅食不用额外加盐，但并不是说12月龄就是给宝宝辅食加盐的分水岭，其实只要宝宝能够接受无盐食物，就不必刻意加盐。如果宝宝对食物兴趣降低，则可少量递进添加食盐，这时要注意各种调味料、食材中的隐形盐，不要重复添加。

妈妈们遇到的问题及应对

是不是所有营养素都应该好好补一补

宝宝的成长离不开营养素，但这并不代表妈妈们可以肆意地给宝宝补充营养。科学合理的营养补充，才能帮助宝宝健康成长。根据普查，以下几种营养素在我国宝宝中不易缺乏，如果补充过量，可能适得其反，因此提醒家长不可随意补充。

维生素B$_{12}$

研究表明，在人体肝脏存储的维生素B$_{12}$可以满足3～6年的需求。如果维生素B$_{12}$过量，会引起宝宝叶酸的缺乏，加重肝脏负担。

维生素E

调查数据显示，我国婴儿维生素E摄入量超出建议摄入量的2倍。维生素E过量，可引起血小板聚集，从而发生肺栓塞或血栓静脉炎；还可能导致血压升高，出现头痛、头晕、口角炎等症状。

磷

目前我国磷的人均摄入量超出建议摄入量，磷过量会引起钙质的流失。家长平时注意多给宝宝吃蔬菜水果，均衡饮食。

铜

铜过量会抑制中枢神经系统，表现为嗜睡、反应迟钝，严重的可能出现智力低下。铜中毒时，宝宝可发生溶血，同时血红蛋白降低，引起肝豆状核变性等疾病。

宝宝一周辅食举例

母乳 配方奶

餐次 周次	第1餐 07:00	第2餐 10:00	第3餐 12:00	第4餐 15:00	第5餐 18:00	第6餐 21:00
周一	宝宝版扁豆焖面（P122）	香橙小煎饼（P83）	番茄肉酱意大利面（P118）	+ 水果	荷兰豆炒虾仁（P103）	
周二	蛤蜊蒸蛋（P108）	茄汁菜花（P120）	牛肉酿豆腐（P119）	+ 水果	肉末蒸笋（P98）	
周三	牛油果三明治（P117）	小黄鱼豆腐汤（P107）	芋头南瓜煲（P106）	+ 水果	白萝卜虾蓉饺（P91）	
周四	平菇蔬菜粥（P90）	干贝厚蛋烧（P110）	菠菜猪血面（P78）	+ 水果	燕麦猪肝粥（P54）	
周五	什锦鸭丝面（P64）	红豆南瓜银耳羹（P96）	什锦烩面（P121）	+ 水果	番茄肉酱意大利面（P118）	
周六	紫菜鸡蛋饼（P82）	橘子汁（P98）	鲜虾小馄饨（P68）	+ 水果	茄汁菜花（P120）	
周日	什锦烩面（P121）	蛤蜊蒸蛋（P108）	宝宝版扁豆焖面（P122）	+ 水果	红枣南瓜发糕（P95）	

牛油果三明治

营养食材 牛油果 1/2 个，鸡蛋 1 个，切片面包 2 片。

健康做法

❶ 牛油果去皮、核，挖出果肉，切成小块；鸡蛋洗净，煮熟，剥壳，切小块。

❷ 将切好的牛油果块和鸡蛋块一起放入料理机中打成泥，做成沙拉酱。

❸ 沿对角线将两片面包片切成四个三角形，抹上自制沙拉酱，两两相对即可。

——— 快乐成长好营养 ———

牛油果富含不饱和脂肪酸、蛋白质等，对宝宝眼睛和大脑发育有益。

番茄肉酱意大利面

营养食材 番茄1个，牛肉40克，洋葱20克，意大利面50克，水淀粉适量。

健康做法

① 将意大利面用清水浸泡30分钟，捞出后剪成适合宝宝食用的长度，放入沸水锅中煮至软烂。

② 牛肉洗净，切末；番茄洗净，去皮，切小块；洋葱去老皮，洗净，切碎。

③ 平底锅中放入适量植物油，烧热后放入洋葱碎煸香，倒入牛肉末和番茄块炒熟，倒入水淀粉翻炒至浓稠，盛出，拌入煮好的意大利面中即可。

──── 快乐成长好营养 ────

这款辅食可以为宝宝提供丰富的碳水化合物、优质蛋白质和多种维生素。

Part 8　13~18月龄变化饮食结构，向成人饮食过渡

牛肉酿豆腐

营养食材　牛里脊肉、豆腐各 100 克，姜片 10 克，盐少许，淀粉适量。

健康做法

① 把姜片放在小碗中，加少许温水泡 15 分钟。

② 牛里脊肉切小块，洗净，放入料理机中打成泥。

③ 取适量泡好的姜水倒入牛肉泥中，用手反复抓匀，再放入盐、淀粉和植物油，用筷子朝一个方向搅拌均匀。

④ 将豆腐切成长方体，用小勺挖掉 2/3，摆盘。

⑤ 将拌好的牛里脊肉泥用勺填入到豆腐中。取蒸锅加清水，摆好的豆腐盘放入锅中，水开后继续大火蒸 20 分钟即可。

快乐成长好营养

豆腐和牛里脊肉含丰富的蛋白质，牛里脊肉还含有大量的锌，同食可促进宝宝的生长发育。

茄汁菜花

营养食材　菜花 80 克，番茄 1 个，盐少许。

健康做法

❶ 菜花洗净，去掉老梗，掰成小朵，用沸水焯烫断生；番茄洗净，去皮，切块。

❷ 油锅烧热，放入番茄块不停翻炒至出汤汁。倒入焯好的菜花，继续大火翻炒至菜花熟。如果汤汁还是比较多，可以用大火收汁，出锅前加盐调味即可。

— 快乐成长好营养 —

菜花富含维生素 C，有助于调节宝宝免疫力；与番茄同炒，不仅口味变得酸甜可口，还增加了色彩的点缀。

扫一扫，看视频

什锦烩面

营养食材　香菇1朵，虾仁3个，胡萝卜、黄瓜、玉米粒各10克，手擀面50克，姜末、生抽各少许。

健康做法

❶ 香菇洗净，切丁；胡萝卜、黄瓜分别洗净，去皮，切丁；虾仁洗净去虾线；玉米粒洗净。

❷ 油锅烧热，放入姜末炒香，放入香菇丁、胡萝卜丁、黄瓜丁、虾仁和玉米粒翻炒至断生，加适量水煮开。

❸ 手擀面放入锅中，加生抽，煮熟即可。

—— 快乐成长好营养 ——

什锦烩面最大的特色是同时把多种时蔬搭配起来，做到营养均衡。

Part 8　13~18月龄变化饮食结构，向成人饮食过渡

宝宝版扁豆焖面

营养食材　细手擀面30克，猪里脊肉50克，扁豆100克，葱末、姜末各适量，酱油、香油各少许。

健康做法

① 扁豆择洗干净，切丝；猪里脊肉，洗净，切丝。

② 油锅烧热，放入猪肉丝煸炒至变色，放入葱末、姜末炒出香味。

③ 放入扁豆丝，淋上酱油，不停翻炒至扁豆丝变软，加入与食材平齐的清水，上面铺上细手擀面，盖盖中火焖熟。

④ 出锅前将面和扁豆丝、肉丝搅拌均匀，淋上香油即可。

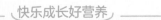
快乐成长好营养

扁豆富含 B 族维生素，与猪里脊搭配食用，能促进食欲，预防贫血和便秘。

Part 9

19~24月龄
食材更丰富，
可以添加零食和点心

轻松添加辅食攻略

开始尝试断母乳

可以给宝宝断母乳了，刚开始可以逐渐减少白天母乳喂养量和喂养次数，再进行断夜奶，到 24 月龄完全断母乳，并且适当添加其他乳制品。需要提醒，宝宝不接受突然断奶，就在乳头上抹黄连水等极端的方式是极不科学的，不利于宝宝身心健康。

代乳品的选择

宝宝断奶期间添加代乳品，如牛奶、酸奶、奶酪，不仅能补充营养，也是一种断奶后的心理补偿。如果宝宝喝牛奶腹泻，可能是乳糖不耐受，建议选择酸奶；如果对牛奶和酸奶都过敏，可选择深度水解配方奶暂时替代。

 ①  ②  ③

牛奶的选择

首选大品牌的订购鲜奶，每天送，能保证新鲜，但是要注意当天送的当天喝。如果是选购超市的包装奶，建议选巴氏杀菌纯牛奶，营养保存较好，但是要注意生产日期和保质期。

酸奶的选择

从原料和添加成分来看，酸奶主要分为纯酸奶、调味酸奶和果料酸奶3种。建议给宝宝选择纯酸奶。购买前，要仔细查看产品上的配料表和成分表，便于区分是酸奶还是乳饮料。根据国家标准，酸奶，蛋白质含量一般在2.3%~2.9%；乳饮料蛋白质含量一般在0.7%~1.0%。

奶酪的选择

超市里奶酪分为天然奶酪和再制奶酪，给宝宝选择天然奶酪为宜。因为天然奶酪是鲜奶经过简单加工而成，再制奶酪则是以天然奶酪为原料经过再加工而成，可能含有较多添加剂。

妈妈们遇到的问题及应对

怎么才能知道宝宝一天摄入的钙是否充足

《中国居民膳食指南（2016）》指出1~4岁宝宝每日钙摄入量为600~800毫克。举例来说：一个18月龄的宝宝，一天需要600毫克的钙，来源可包括配方奶600毫升（约含300毫克钙）、基围虾100克（约含83毫克钙）、豆腐30克（约含49毫克钙）、小黄花鱼30克（约含23毫克钙）、小油菜100克（约含153毫克钙）。

通过计算，宝宝摄入的总钙量为608毫克。然而，补钙要从钙的摄入量、吸收率和沉积率3方面来衡量。在宝宝消化吸收功能正常的前提下，每天晒30分钟的太阳，能大大提高钙的吸收率。

是否需要给宝宝吃膳食纤维补充剂

如果宝宝没有出现严重便秘等情况，说明仅从食物就可以补充足够的膳食纤维，不需要额外添加膳食纤维补充剂。膳食纤维主要来源于植物性食物，红豆、绿豆、黑豆、芸豆、豌豆等豆类，柑橘、苹果、鲜枣、猕猴桃、葡萄等水果，圆白菜、牛蒡、胡萝卜、菠菜、芹菜等蔬菜中都富含膳食纤维。

宝宝一周辅食举例

🥛 母乳　🍼 配方奶

餐次周次	第1餐 07:00	第2餐 10:00	第3餐 12:00	第4餐 15:00	第5餐 18:00	第6餐 21:00
周一	奶黄包（P129）	牛油果三明治（P117）	什锦烩面（P121）	🥛🍼 + 水果	秋葵炒鸡丁（P134）	🥛🍼
周二	虾仁乌冬面（P127）	干贝厚蛋烧（P110）	上汤娃娃菜（P128）	🥛🍼 + 水果	小黄鱼豆腐汤（P107）	🥛🍼
周三	鲅鱼饺子（P97）	酸奶沙拉（P130）	卡通饭团（P131）	🥛🍼 + 水果	丝瓜鱼泥小米粥（P66）	🥛🍼
周四	什锦烩面（P121）	奶酪蔬菜泥（P132）	牛肉酿豆腐（P119）	🥛🍼 + 水果	红枣南瓜发糕（P95）	🥛🍼
周五	牡蛎疙瘩汤（P93）	奶黄包（P129）	虾仁乌冬面（P127）	🥛🍼 + 水果	三色饭（P133）	🥛🍼
周六	红豆黑米粥（P75）	蛤蜊蒸蛋（P108）	鲜虾小馄饨（P68）	🥛🍼 + 水果	肉末蒸笋（P98）	🥛🍼
周日	牛油果三明治（P117）	红豆南瓜银耳羹（P96）	芝麻莴笋饭（P104）	🥛🍼 + 水果	芋头南瓜煲（P106）	🥛🍼

虾仁乌冬面

营养食材　乌冬面 30 克，虾仁 3 个，番茄半个，冬瓜 100 克，盐少许。

健康做法

① 虾仁洗净，挑去虾线；番茄洗净，去皮，切小块；冬瓜洗净，用勺挖出 3 个冬瓜球。

② 油锅烧热，放入番茄块炒出汤汁。

③ 加适量水，烧开后放入虾仁、冬瓜球，再次烧开后放入乌冬面，煮至面熟，加盐调味即可。

快乐成长好营养

虾仁是一种非常方便烹饪的海产品，而且是锌、钙、硒的重要来源。

上汤娃娃菜

营养食材　娃娃菜 100 克，草菇 2 朵，葱花、姜丝、枸杞子各适量，盐少许。

健康做法

❶ 草菇洗净，切小块；枸杞子洗净；娃娃菜去掉老帮，对半切开，一片片洗净后焯熟，备用。

❷ 油锅烧热，放葱花和姜丝煸出香味，加清水煮开，下草菇块煮 10 分钟，加盐调味，将其淋在准备好的娃娃菜上，装盘后点缀枸杞子即可。

快乐成长好营养

娃娃菜味道甘甜，可以为宝宝提供丰富的维生素 C、硒、钾等营养素。

奶黄包

营养食材　鸡蛋 2 个，黄油 40 克，吉士粉、澄粉各 10 克，
白糖适量，配方奶粉 25 克，中筋面粉 250 克，酵
母粉 3 克。

健康做法

❶ 黄油软化，用打蛋器低速搅打至顺滑，加入白糖打至发
白；鸡蛋打散，分次加入打好的黄油，搅打均匀。

❷ 吉士粉、配方奶粉、澄粉混合过筛，放入盆中加水拌成面糊。

❸ 面糊上蒸锅蒸 30 分钟，每隔 10 分钟取出一次，用打蛋
器搅散后再上锅蒸，蒸好后趁热搅散，用橡皮刮刀翻压至
光滑平整，即为奶黄馅。包上保鲜膜，放冰箱冷藏 1
小时。

❹ 将中筋面粉和酵母粉混合，加水揉成光滑的面团，包上保
鲜膜发酵至 2 倍大。

❺ 将面团搓长条状，切出小剂子，擀成圆形面皮，包上奶黄
馅，做成奶黄包生坯。将奶黄包放入蒸屉，盖上锅盖，大
火蒸 15 分钟左右即可。

Part 9　19~24 月龄食材更丰富，可以添加零食和点心

酸奶沙拉

营养食材　柚子肉 20 克，香蕉半根，火龙果 1/4 个，
　　　　　　原味酸奶 40 克，小番茄 1 个。

健康做法

❶ 将柚子肉切块；火龙果去皮，用挖球器挖球；香蕉
　去皮，切片；小番茄洗净，切划十字。

❷ 所有食材一起放入碗中，淋上酸奶即可。

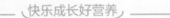
—— 快乐成长好营养 ——

酸奶中的乳酸菌属于益生菌，吃点酸奶对于肠道
菌群的平衡有帮助。

扫一扫，看视频

卡通饭团

营养食材 玉米粒、豌豆、胡萝卜各 30 克，柿子椒、红甜椒各 20 克，干木耳 3 朵，鸡胸肉 40 克，米饭 50 克，生抽、淀粉各少许。

健康做法

① 玉米粒、豌豆洗净，煮熟；胡萝卜洗净，去皮，切丁，煮熟；柿子椒、红甜椒洗净，去子，切丁；干木耳泡发，去掉硬梗，洗净，撕碎。

② 鸡胸肉洗净，切丁，拌入淀粉，静置 10 分钟。

③ 油锅烧热，倒入鸡丁翻炒变色，倒入木耳碎炒熟，再放入玉米粒、豌豆、胡萝卜丁、柿子椒丁、红甜椒丁，淋上生抽，翻炒均匀。

④ 加适量清水，烧开后倒入米饭翻炒均匀，略收汤汁即可，然后利用各种模具做出卡通造型。

奶酪蔬菜泥

营养食材 西葫芦、西蓝花各 50 克，虾仁 40 克，奶酪 20 克，姜汁少许。

健康做法

1. 西蓝花取花冠部分，洗净，切碎；西葫芦去皮，擦丝，与西蓝花碎一起放入碗中蒸熟；虾仁洗净，切碎，加姜汁腌 10 分钟；奶酪切碎。

2. 平底锅中放适量油烧热，放入虾仁炒至变色，倒入奶酪碎炒化，倒入蒸熟的西蓝花碎和西葫芦丝，炒匀即可。

———— 快乐成长好营养 ————

有的宝宝不喜欢吃西蓝花和西葫芦，用香味浓郁的奶酪与蔬菜混合，可促进宝宝食欲。

协和专家宝宝辅食大全

三色饭

营养食材 紫甘蓝 20 克，南瓜 80 克，豌豆 30 克，大米 50 克。

健康做法

① 紫甘蓝洗净，切碎；大米淘洗干净，连同紫甘蓝碎一起煮成软米饭。

② 南瓜洗净，去皮去子，切小块，用清水煮至熟软；豌豆洗净，煮熟软，去皮后放在碗中。

③ 将紫甘蓝软米饭、南瓜块、熟豌豆一起摆盘即可。

───── 快乐成长好营养 ─────

紫甘蓝含有丰富的维生素 C、花青素等，南瓜、豌豆富含胡萝卜素、叶酸，搭配食用有利于宝宝成长。

秋葵炒鸡丁

营养食材　秋葵2根，鸡胸肉50克，红甜椒1/2个，
生抽少许。

健康做法

1. 秋葵洗净，放入沸水中焯烫1分钟，捞出沥干，切
片；红甜椒洗净，去子，切丁；鸡胸肉洗净，切丁。

2. 油锅烧热，放入鸡丁翻炒至变色，淋上生抽继续翻
炒至肉熟，放入秋葵片、红甜椒丁炒至断生即可。

快乐成长好营养

秋葵含有果胶、黏多糖等，具有促进消化、保护胃
黏膜的功效，搭配富含蛋白质的鸡胸肉，营养价值
更高。

Part 10

25~36 月龄
变成小大人儿，
可以全家吃饭了

轻松添加辅食攻略

可以和大人吃相似的食物

宝宝满 3 岁后，咀嚼能力提高，可以跟大人吃相似的食物，就是说可以跟大人一样吃米饭，不必再吃软饭，但是要避开质韧的食物。日常食物也要切成适当大小，并煮熟，但不要切得太碎，否则宝宝会不经过咀嚼直接吞咽。有过敏症状的宝宝，还要特别注意避免接触过敏源。

大人饭菜、宝宝辅食一锅出的要点

给宝宝制作辅食是个费力费心的活，学会在做大人饭菜时能"一拖二"地完成宝宝餐，是一个非常好的选择。大人饭菜和宝宝辅食一锅出的基础是做好最后的调味环节。要想一锅出，在做饭时不要按常法加调味品，应该在菜基本熟透、出锅前再适当调味。这样可以将未调味的菜肴盛出给宝宝的量，稍稍调味拌匀，剩下大人的菜再正常调味即可。切记不要让宝宝吃不合口味或口味太重的辅食。

爱动流汗的宝宝注意补钾

宝宝会走会跑后，因为活泼好动，经常大汗淋漓，很多父母都非常注意给宝宝补充水分，却忽略了要及时补充一些矿物质，尤其是钾。细胞和器官的正常工作离不开钾。2～4 岁宝宝每日膳食中钾的建议量为 900～1200 毫克。

富含钾的食物

食物	钾含量	食物	钾含量
大豆	1503	土豆	347
芸豆（红）	1215	菠菜	311
红豆	860	空心菜	304
豌豆（干）	823	荠菜	280
绿豆	787	苦瓜	256
豇豆	737	玉米（鲜）	238
百合（鲜）	510	杏	226
毛豆（鲜）	478	油菜	175

注：每 100 克可食部含量，单位：毫克

妈妈们遇到的问题及应对

做饭的时候宝宝总想参与，要阻止吗

宝宝的动手欲越来越强烈，撕纸、抠挖小东西、随手涂鸦、在大人准备饭菜的时候宝宝总想"帮忙"，都很常见。不要觉得他在捣乱，安排一些让他力所能及的活儿参与进来，有助于锻炼宝宝的手脑协调能力，而且宝宝自己动手做食物更有助于促进其食欲，也会让他体会食物的来之不易，懂得珍惜食物。

可以从简单的择菜、洗菜开始，逐渐让宝宝参与做面食，比如包饺子帮着揉小剂子、擀皮，还可以跟宝宝做亲子烘焙。

宝宝运动后出现心跳减弱怎么办

这是因为身体排出大量汗水，同时体内的钾、钠（尤其是钾）等矿物质也会随汗液排出体外，造成低钾血症。此时可以给宝宝喝一碗绿豆汤，或吃一根香蕉，可以补充缺少的钾。所以，宝宝外出游玩，别忘了带上一两根香蕉。

宝宝一周辅食举例

🍼 牛奶

餐次 周次	第1餐 07:00	第2餐 10:00	第3餐 12:00	第4餐 15:00	第5餐 18:00	第6餐 21:00
周一	萝卜蒸糕 （P143）	水果 / 酸奶	番茄巴沙鱼 （P84）	点心 / 水果	猪肝 圆白菜卷 （P141）	🍼
周二	丝瓜鱼泥 小米粥 （P66）	水果 / 酸奶	苦瓜牛肉盖浇饭 （P105）	点心 / 水果	油菜丸 子汤 （P139）	🍼
周三	虾仁乌冬面 （P127）	水果 / 酸奶	白萝卜虾蓉饺 （P91）	点心 / 水果	卡通饭团 （P131）	🍼
周四	牛油果三明治 （P117）	水果 / 酸奶	金针菇 菠萝什锦饭 （P112）	点心 / 水果	肉末 圆白菜 （P144）	🍼
周五	鸡丝芦笋 蝴蝶面 （P146）	水果 / 酸奶	三色饭 （P133）	点心 / 水果	番茄肉酱 意大利面 （P118）	🍼
周六	油菜丸子汤 （P139）	水果 / 酸奶	上汤娃娃菜 （P128）	点心 / 水果	什锦烩饭 （P89）	🍼
周日	萝卜蒸糕 （P143）	水果 / 酸奶	猪肝 圆白菜卷 （P141）	点心 / 水果	虾仁 乌冬面 （P127）	🍼

油菜丸子汤

营养食材 猪里脊肉150克，油菜100克，鸡蛋1个，盐少许，淀粉、姜末各适量。

健康做法

❶ 鸡蛋磕开，分离蛋黄和蛋清；猪里脊肉洗净，切块，放入料理机中，倒入蛋清一起打成肉泥，加姜末、淀粉、植物油朝一个方向搅拌均匀；油菜择洗干净，切段，备用。

❷ 锅中加适量清水，烧开后用勺子挖取肉泥放入锅中，将水再次烧开后放入油菜段，煮至肉丸熟即可。

快乐成长好营养

单纯的肉丸子汤会过于油腻，添加蔬菜不仅让营养更均衡，还能让汤变得清爽。

Part 10 25~36月龄变成小大人儿，可以全家吃饭了

139

山楂藕片

营养食材 山楂、莲藕各 60 克, 冰糖 15 克。

健康做法

1. 山楂洗净, 去蒂, 对切两半, 去核; 莲藕去皮, 洗净, 切薄片。

2. 锅中放少量水, 倒入山楂、冰糖, 大火煮开后转小火熬煮成黏稠的山楂酱。

3. 另取锅, 加适量水煮沸, 放入藕片焯熟, 捞出沥干, 摆盘, 淋上熬好的山楂酱即可。

———— 快乐成长好营养 ————

酸甜的山楂搭配清香爽口的藕片, 会让宝宝胃口大开。

扫一扫，看视频

猪肝圆白菜卷

营养食材 猪肝 50 克，豆腐 80 克，胡萝卜半根，圆白菜叶 2 片，盐少许，淀粉适量。

健康做法

❶ 猪肝剔去筋膜，切成片，用清水浸泡 30~60 分钟，中途勤换水。泡好的猪肝片用清水反复清洗，最后用热水再清洗一遍。蒸熟，放料理机打碎。豆腐洗净，切碎；胡萝卜洗净，去皮，切碎。

❷ 将胡萝卜碎、猪肝碎和豆腐碎一起放入碗中，加盐调匀制成馅料；圆白菜叶用开水烫软、平铺，中间放入馅，卷起包住，用淀粉封口。

❸ 将猪肝圆白菜卷放入蒸锅中，加适量水，蒸熟即可。

—— 快乐成长好营养 ——

这道菜可补铁、维生素 C、膳食纤维，促食欲，助消化。

香蕉溶豆

营养食材　酸奶60克，玉米淀粉25克，配方奶粉50克，鸡蛋2个，香蕉1根，白糖、柠檬汁各少许。

健康做法

① 香蕉取肉，和酸奶一起放入料理机中打成泥，然后筛入玉米淀粉和配方奶粉，搅拌均匀调成糊。

② 鸡蛋取蛋清，用打蛋器打发，分2~3次加入白糖，滴几滴柠檬汁，继续打至呈干性打发状态。

③ 将打发好的蛋清分2次加入第一步的米糊中，搅拌均匀制成溶豆原液，装进裱花袋中。

④ 烤箱预热，烤盘铺上油纸，用裱花袋在烤盘上挤出一个个小豆子，烤盘放入烤箱，100℃烤8分钟。

快乐成长好营养

用水果、酸奶、配方奶、鸡蛋做出的溶豆，既健康又美味，是宝宝不错的手指食物和常备小零食。

协和专家宝宝辅食大全

萝卜蒸糕

营养食材 大米粉、胡萝卜各 50 克，白萝卜 100 克，
盐少许。

健康做法

❶ 白萝卜、胡萝卜洗净，去皮，切丝，一起放入碗
中，加少许盐腌 5 分钟，挤干水分；大米粉加水调
成浓稠的米糊。

❷ 油锅烧热后倒入胡萝卜丝、白萝卜丝翻炒 1 分钟，
倒入大米糊搅拌均匀。

❸ 取蒸碗，内刷一层油，倒入米糊，盖上保鲜膜入蒸
锅，水开后蒸 30 分钟。取出凉凉，切块即可。

—— 快乐成长好营养 ——

米糕中加入胡萝卜和白萝卜，可以让食物的营养更
加丰富，口味和颜色更有特色。

肉末圆白菜

营养食材 猪瘦肉 50 克，圆白菜 150 克，葱花、姜末、生抽各适量，盐少许。

健康做法

① 猪瘦肉洗净，切碎，加生抽腌 15 分钟；圆白菜洗净，撕小碎片。

② 油锅烧热，放入葱花、姜末炒出香味，下猪肉碎炒至变色，放入圆白菜碎片炒软，加盐调味即可。

> 快乐成长好营养
>
> 肉菜搭配的辅食能很好地帮助不爱吃蔬菜的宝宝做到均衡营养。

坚果蒸笋

营养食材 莴笋 1/3 根，核桃仁 80 克，鸡汤 300 克，盐、香油各少许。

健康做法

① 莴笋去皮，洗净，切长段；核桃仁炒熟，盛出研碎。

② 鸡汤烧开，加入盐，放入莴笋段煮熟，捞出沥干。

③ 将莴笋段挖空 2/3，摆盘，挖空处填入核桃碎，淋上香油即可。

> 快乐成长好营养
>
> 常给宝宝吃坚果有助于补脑益智、保护视力、维护心脏健康。

红薯饼

营养食材 面粉 100 克，红薯 80 克。

健康做法

① 红薯洗净，去皮，切块，上锅蒸熟后用勺子碾压成泥。

② 面粉放入大碗中，倒凉白开搅拌成面糊，放入红薯泥继续搅拌均匀。

③ 平底锅中倒少许植物油，在平底锅上放模具，油热后在模具内倒入一勺面糊，摊平摊薄，待面糊凝固后翻面，煎至两面全熟即可。

───── 快乐成长好营养 ─────

红薯可以为宝宝提供丰富的碳水化合物，还帮助宝宝补充钾、胡萝卜素等营养素。同时，红薯富含膳食纤维，可促进宝宝肠胃蠕动，预防便秘。

鸡丝芦笋蝴蝶面

营养食材 蝴蝶面30克，芦笋、鸡胸肉各40克，鸡蛋清1个，香油、盐各适量。

健康做法

❶ 准备蝴蝶面30克，芦笋洗净，切段；鸡胸肉洗净，切丝，用蛋清、盐腌30分钟。

❷ 油锅烧热，放入芦笋段、鸡丝炒出香味，加适量清水烧开，放入蝴蝶面煮熟，出锅时滴几滴香油即可。

── 快乐成长好营养 ──

这款面可以为宝宝提供丰富的碳水化合物、蛋白质、维生素和膳食纤维。

特效功能食谱，
让宝宝少生病、
身体壮

发热
身体在和病菌作战

发热也叫发烧，本身不是疾病，只是疾病的一种症状。事实上，发热是身体为了抵抗病毒与细菌产生的一种保护性反应。

宝宝发热的原因

感染性疾病
各种细菌、病毒、寄生虫等感染引起的呼吸系统、消化系统、泌尿系统、神经系统及全身性感染性疾病。

血液病与恶性肿瘤
各种血液疾病、淋巴瘤、恶性组织细胞病或神经母细胞瘤等。

结缔组织病与变态反应性疾病
系统性红斑狼疮、结节性多动脉炎、类风湿性关节炎、结节性非化脓性脂膜炎等。

神经系统疾病
中毒性脑病、颅脑损伤、间脑病变、脑炎后遗症、蛛网膜炎等。

其他
高钠血症、骨折、暑热症、抗生素引起的菌群失调等。

引起宝宝发热的原因绝大多数是病毒或细菌感染，通过饮食调理、合理药物、改变生活方式等，就可以恢复正常。

饮食红绿灯

- 给宝宝补充水分以防止脱水，宜多饮白开水。
- 总体饮食宜清淡，吃母乳的宝宝坚持母乳喂养。宝宝发热时饮食以流质、半流质为主。
- 不要强迫宝宝吃东西。这样做反而让宝宝倒胃口，可能引起呕吐、腹泻等，甚至导致症状加重。

芦根粥

散寒 发汗 7月龄 以上

营养食材　鲜芦根 15 克，大米 35 克。

健康做法

1. 鲜芦根洗净，放入锅中，加适量水大火煮开，转小火慢煮 5 分钟，取汁待用。
2. 锅中加适量水，倒入洗净的大米，熬粥至八成熟时，倒入芦根汁煮至粥熟即可。

快乐成长好营养

芦根粥宜现做现食，不宜存放过久。每日可喂 2~3 次。

西瓜番茄汁

清热 解毒 7月龄 以上

营养食材　西瓜瓤 30 克，番茄半个。

健康做法

1. 西瓜瓤去子；番茄洗净后用沸水烫一下，去皮去蒂。
2. 将滤网或纱布清洗干净，滤取西瓜和番茄中的汁液，混匀即可。

快乐成长好营养

西瓜番茄汁口感好，宝宝可能会比较喜欢喝，但不能用其代替白开水。因其糖分和热量比较高，长期代替白开水喝，宝宝易肥胖。

Part 11　让宝宝少生病、身体壮　特效功能食谱，

感冒
分清病因，对症处理

感冒是宝宝常见病，主要侵犯宝宝的呼吸系统。鼻感染后常出现并发症，可涉及邻近器官，如喉、气管、肺、耳、眼以及颈淋巴等。

宝宝感冒的原因

病毒性感冒

病毒性感冒是由病毒引起的，其中以鼻病毒呼吸道合胞病毒为主要致病微生物。病毒从呼吸道分泌物中排出，进行传播。病毒生存在人体细胞内，没有药物可以直接杀死它。

细菌性感冒

可由金黄色葡萄球菌或者链球菌引起，还可能是支原体等引起。如果检查结果显示白细胞计数较高，则可能是细菌引起的感冒。治疗细菌性感冒，需要在医生的指导下用药，必要时需要用抗生素。

饮食红绿灯

- 喝点热饮，减少流鼻涕。1岁以上的宝宝可以适当喝点加蜂蜜水、姜糖水或橙汁。
- 多吃富含维生素C的新鲜蔬果，有助于缓解症状。多吃富含维生素E的蔬菜水果，可以提高宝宝免疫功能，增强抗病能力。
- 忌食油腻、生冷、刺激性食物，因为宝宝感冒本身就属于内环境紊乱的表现。如果这期间再吃一些油腻、生冷、刺激性的食物会加重宝宝肠胃负担，会加重宝宝病情。

白菜绿豆饮

清热解毒 | 1岁以上

营养食材 白菜帮 2 片,绿豆 30 克,白糖 1 克。

健康做法

1. 绿豆洗净,放入锅中加水,用中火煮至半熟;将白菜帮洗净,切小片。

2. 白菜帮片加入绿豆汤中,煮至绿豆开花、菜帮烂熟,加入白糖调味即可。

（快乐成长好营养）

本款饮品可以起到清热解毒的功效,适合外感风热的宝宝饮用,每日 2~3 次。

生姜梨水

散寒发汗 | 9月龄以上

营养食材 雪梨 1 个,生姜 1 小块。

健康做法

1. 雪梨洗净,去皮、核,切片;生姜洗净,切片。

2. 雪梨片、生姜片放入锅中,加入适量水,煮成汤即可。

（快乐成长好营养）

生姜性温,有发汗解表的功效,对辅助治疗风寒感冒有益;雪梨性凉,有清热生津的功效,有利于缓解口渴等症状。

Part 11 让宝宝少生病、身体壮 特效功能食谱、

咳嗽
肺需要保护了

　　咳嗽是宝宝常见的呼吸道疾病症状之一，也是一种自我保护现象，是在提示宝宝呼吸系统可能出了问题，提醒父母要注意宝宝的身体健康了。

宝宝咳嗽的原因

风寒咳嗽
往往是因为身体受寒引起的。

风热咳嗽
主要是受热邪或内热重引起的。

过敏性咳嗽
通常与外界过敏原刺激有关。

气管炎、支气管炎咳嗽
细菌或病毒入侵气管、支气管引起的咳嗽，支气管炎导致的咳嗽往往特别厉害，宝宝非常难受。

积食性咳嗽
由积食引起，最典型的症状是白天不咳，一平躺就咳个不停，且伴有厌食、手心发热等症状。

饮食红绿灯

- 宝宝咳嗽期间的饮食要以清淡为主，在保证营养的同时，食物应易消化、吸收。
- 多喝白开水。
- 风寒咳嗽第一阶段主要表现为流鼻涕，这时应远离百合和川贝。因为百合会将邪气闭合在身体里；而川贝性寒，且有清热润肺、化痰止咳的功效，用来缓解燥咳。故而风寒咳嗽第一阶段不宜用百合和川贝。

香芹洋葱蛋黄汤 补虚散寒 10月龄以上

营养食材 蛋黄1个，香芹10克，洋葱30克，鸡汤、水淀粉各适量。

健康做法

1. 香芹洗净，切碎；洋葱洗净，切碎；蛋黄打散。

2. 锅中加水，将鸡汤、香芹碎和洋葱碎煮开，将蛋黄液慢慢倒入汤中，轻轻搅拌。

3. 锅中倒入水淀粉烧开，至汤汁变稠即可。

快乐成长好营养

本款汤具有除风祛寒的作用，适合风寒感冒宝宝食用。

白萝卜山药粥 补肺化痰 10月龄以上

营养食材 白萝卜50克，山药20克，大米40克，香菜末4克，香油1克。

健康做法

1. 白萝卜洗净，去皮，切小丁；山药洗净，去皮，切小丁；大米洗净，用水浸泡30分钟。

2. 锅置火上，加适量清水烧开，放入大米，用小火煮至八成熟，加白萝卜丁和山药丁煮熟，撒香菜末，淋上香油即可。

快乐成长好营养

本粥具有补脾养胃、止咳化痰的作用，适合给宝宝补肺化痰。

Part 11 让宝宝少生病，身体壮 特效功能食谱，

腹泻
补水很关键

　　腹泻对宝宝健康的危害很大，会直接影响宝宝对营养的吸收，经常腹泻容易造成宝宝营养不良，家长要引起重视。

宝宝腹泻的原因

着凉	积食	消化道敏感
吃了过凉的食物或受凉导致的腹泻，腹部会出现"咕噜噜"的声音，可伴随感冒症状。这时宝宝会排出一些气味淡、色浅的大便。	宝宝积食时多有发热，上腹胀满，打饱嗝或者呕吐的表现。大便有酸臭或臭鸡蛋味，有时还会夹带未完全消化的食物。	可能会出现持续反复，多为食物过敏或不耐受所致腹泻。大便颜色发黄，饭后即泻，可伴有皮疹等皮肤改变。

饮食红绿灯

- 腹泻可能导致宝宝身体内的水分流失，引起脱水症状。这时候一定要给宝宝及时补充水分，可以喂口服补液盐、白开水、鲜榨滤渣蔬果汁等。

- 吃母乳的宝宝即使是腹泻，只要情况不严重，也可以继续吃母乳。只有在腹泻特别严重时，适当减少一些母乳量即可。

- 宝宝腹泻症状不严重时，和往常一样喂食即可，避免喂油腻或凉寒的食物，以减轻胃肠负担。已添加辅食的宝宝，腹泻时喝一些米汤有助于缓解腹泻，因米汤较易吸收，且浓度较低，是一种温和的收敛剂。

- 慎食导致腹胀的食物，例如黄豆、绿豆、红豆等，会使腹内胀气，加重腹泻；忌食高糖食物，例如糖果、甜点等，因为糖在肠内会引起发酵而加重腹泻。

炒米粥

`止泻、促进消化` `8月龄以上`

营养食材 大米50克。

健康做法

1. 把大米放到锅里用小火炒至米粒稍微焦黄。
2. 用炒米煮粥即可。

快乐成长好营养

用炒米煮粥，止泻效果明显。此粥适用于因为食滞而导致的腹泻，或感染不太严重的腹泻。

胡萝卜汤

`健脾消食` `7月龄以上`

营养食材 胡萝卜100克，盐1克。

健康做法

1. 胡萝卜洗净，去皮，切碎。
2. 胡萝卜碎放入锅中，加盐、水，煮烂后去渣取汤即可。

快乐成长好营养

一般1岁内的宝宝是不用加盐的，但腹泻宝宝常常出现电解质紊乱。在汤中加盐，可以为宝宝补充因腹泻而导致的电解质紊乱。

Part 11 特效功能食谱，让宝宝少生病、身体壮

便秘
宝宝的"下水道"堵了

妈妈需要观察宝宝的排便情况，不能只因排便次数少就判断宝宝便秘了，腹部胀满，排便过程中费力哭闹，大便干硬，才是便秘的表现。

宝宝便秘的原因

母乳蛋白质、脂肪含量过高

妈妈的饮食情况直接影响母乳的质量，如果妈妈顿顿喝猪蹄汤、鸡汤等富含蛋白质、脂肪的汤类，乳汁中的蛋白质、脂肪就会过多，宝宝吃母乳后吸收不了，就可能出现便秘或腹泻。

宝宝不适应配方奶

人工喂养的宝宝可能对某个品牌的配方奶不适应，喝了后就排不出大便。另外，如果在冲调配方奶时擅自加大配方奶的量，把配方奶冲得太浓，使奶液中的蛋白质增多，水分补给不足，也容易引起便秘。

辅食结构不合理

如果宝宝一日三餐很规律，但不喜欢吃蔬菜、水果，不爱喝水，只喜欢吃肉，则饮食中膳食纤维含量过少。又或者宝宝辅食太精细，不利于刺激肠道蠕动。上述情况均会导致食物在肠道内停留时间延长，水分会被过度吸收，进而引起便秘。

饮食红绿灯

- 对于建议纯母乳喂养的宝宝，哺乳妈妈要注意多吃蔬菜、水果和粗杂粮，多喝汤水。人工喂养的宝宝一定按产品说明冲调奶粉。
- 已经添加辅食的宝宝，减少肉蛋类摄入，适当增加红薯、南瓜、梨、西梅等富含膳食纤维的食物。
- 当宝宝适应辅食后，忌辅食过于精细，过于精细的辅食食物残渣少，容易导致宝宝膳食纤维摄入不足，而引起便秘。当然也不能为了预防便秘，食物加工特别粗糙，颗粒大小要以适合宝宝月龄为准则。

红薯菜粥 促进肠胃蠕动 8月龄以上

营养食材 大米 40 克，红薯 1/4 根，圆白菜 2 片。

健康做法

① 大米洗净后浸泡 30 分钟，红薯洗净去皮，切成小丁；圆白菜叶洗净，切碎。

② 把大米和红薯丁一起放入锅中煮成粥。

③ 放入圆白菜碎，熟透后熄火，放温即可。

──── 快乐成长好营养 ────

红薯富含膳食纤维，煮粥食用有利于促进肠道蠕动，缓解宝宝便秘。

蔬菜饼 缓解便秘 1岁以上

营养食材 圆白菜、胡萝卜各 30 克，豌豆 20 克，面粉 50 克，鸡蛋 1 个，盐 1 克。

健康做法

① 圆白菜、胡萝卜分别洗净，切细丝，与豌豆一起放入沸水中焯烫一下，捞出沥干；鸡蛋打散。

② 面粉、鸡蛋液、圆白菜丝、胡萝卜丝、豌豆、盐和适量水和匀成面糊。

③ 煎锅放油烧热，倒入适量面糊煎至两面金黄色即可。

──── 快乐成长好营养 ────

圆白菜中含丰富的纤维素、矿物质，胡萝卜中含有优质的纤维素及胡萝卜素等，豌豆中含有丰富的维生素 C，与鸡蛋搭配，营养丰富且利于宝宝排便。

Part 11 让宝宝少生病、身体壮 特效功能食谱

157

附录 中国0~3岁男女宝宝
身长、体重百分位曲线图

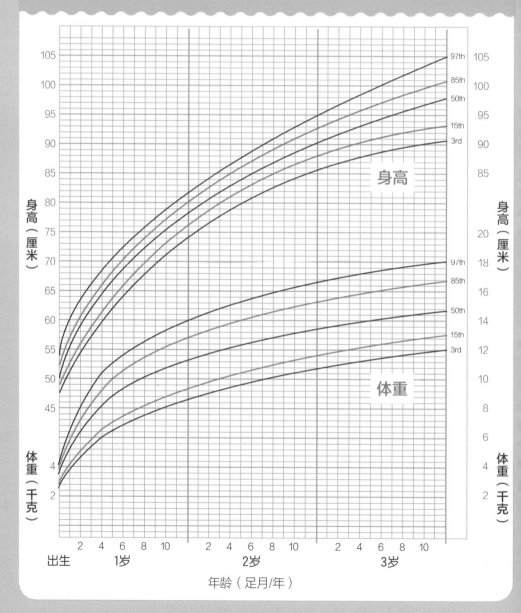

中国0~3岁男童身高、体重百分位曲线图　　百分位

身高 身高
105 105
100 100
95 95
90 90
85 85
80 身高（厘米） 身高（厘米）
75
70 20
65 18
60 16
55 14
50 12
45 10
4 8
2 6
体重 4
2
体重（千克） 体重（千克）

出生　1岁　2岁　3岁
2 4 6 8 10　2 4 6 8 10　2 4 6 8 10

年龄（足月/年）

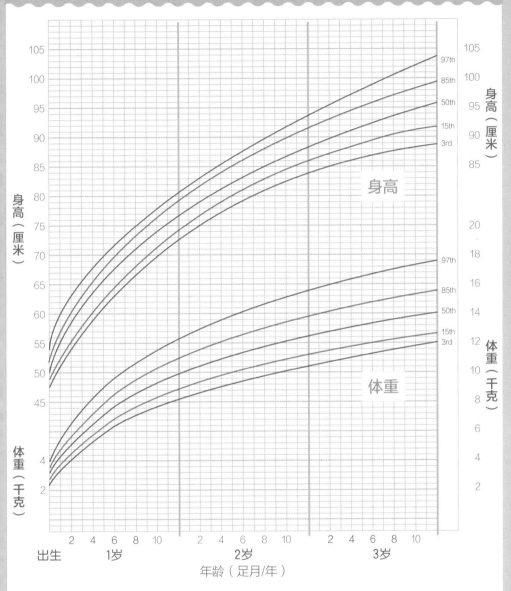

注：这是0~3岁男女宝宝的身高、体重发育曲线图。以男宝宝为例，该曲线图中对生长发育的评价采用的是百分位法。百分位法是将100个人的身高、体重按从小到大的顺序排列，图中3rd，15th，50th，85th，97th分别表示的是第3百分位，第15百分位，第50百分位（中位数），第85百分位，第97百分位。排位在85th~97th的为上等，50th~85th的为中上等，15th~50th的为中等，3th~15th的为中下等，3rd以下为下等。

二类疫苗接种时间表

如果选择接种二类疫苗，应在不影响一类疫苗情况下进行选择性接种。要注意接种过活疫苗（麻疹疫苗、脊髓灰质疫苗）要间隔4周才能接种死疫苗（百白破疫苗、乙肝疫苗、流脑疫苗及所有二类疫苗）。

以北京市为例，家有0~3岁宝宝的父母可有选择性地自费、自愿接种此类疫苗，以下为二类疫苗的接种时间和顺序：

疫苗名称	预防疾病	使用人群与接种次数
五联疫苗	预防白喉、破伤风、百日咳、脊髓灰质炎、B型流感嗜血杆菌	2月龄以上的婴儿，在2、3、4月龄，或3、4、5月龄分别进行1针基础免疫；在18月龄进行1针加强免疫
手足口疫苗	EV71型手足口疫苗，用于预防EV71感染所致的手足口病及相关疾病	6~24月龄儿童，鼓励12月龄前接种完，以便尽早发挥保护作用，基础免疫2剂次，间隔1个月接种
水痘疫苗	水痘	1~12岁儿童接种第1针，13岁以上接种第2针，间隔6~10周
13价肺炎疫苗	肺炎	2岁以上体弱多病儿童注射1针
流感疫苗	流行性感冒	用于6月龄以上儿童，季节性接种，首剂接种2剂，二剂次之间间隔1个月，之后每年接种1剂
轮状病毒疫苗	秋季腹泻	2月龄至3岁婴幼儿每年口服1次

注：表中疫苗全部为自费疫苗，必须在医生指导下进行接种。